不要为明天烦忧

[韩] 申纪律 ○ 著　程乐 ○ 译

民主与建设出版社
·北京·

不懂就问天成叶

我的心里藏着一座只属于自己的孤城,那是可以让我的心灵转危为安的地方。

——赛珍珠(Pearl S.Buck)

阻挡惊涛骇浪的港湾

"心灵茶馆"是属于我的一个小场所，在那里，我通常用一边喝茶一边聊天的方式来解决别人心理上的某些特殊问题。在这座"小茶馆"里，我曾遇见过形形色色的人，而我的工作就是为那些曾经或者正在受伤的芸芸众生们提供一些帮助，好让他们对生活重拾信心，对命运乐观看待，对未知不再恐惧。聊天的过程中，我会用心去聆听他们所讲的故事或感受。然而，好好听故事似乎比我们想象中的要难。因为，在讲述的过程中，比起内容，对方更迫切的其实是希望能将自己的某种情绪传达给你，而这种传达的方式不是通过语言，而是通过某些非常细微的、不经意之间的动作，或者表情。所以，"听"这个词在这里，不仅仅包含了它的本来含义，而且还包括了一种洞察力，那种能够察觉别人无意识的身体动作、眼神和情感微颤的能力。

前不久，来"心灵茶馆"进行治疗的一位姑娘就是这样。比起言语表达，更多时候，她的信息和情绪变化是通过眼神传递给我的。虽然她完全可以娴熟地用语言描述自己的情况，但像洞穴一般深邃、空洞的眼神却似乎更合适表达那些不能名状或无以言表的东西，比如说，痛苦。她的痛苦始于对离别的不舍和纠结。其实我们都一样，离别带来的思念总是让人痛苦难当。

这不由得让我回想起小时候的恋爱时光。记得那个时候，当我因为某位姑娘辗转反侧，夜不能寐时，那姑娘却对我没有丝毫的钦慕之情，当然，有时候也会反过来。总之，在小时候我从未遇到过一拍即合的爱情。等到年纪再大一点的时候，所谓的梦想就和当初的恋爱一样总是擦肩而过或者求而不得，想要实现的梦想总在不经意间就悄然远去，但想逃离的现实却常常如影随形。我似乎陷入了这样一个怪圈里头，备受煎熬，不能自拔。

此时，那位姑娘眼中的神情就像我当初一样，那样的无奈，沮丧，她似乎也在那个怪圈里头挣扎着。如今的她不得不和工作告别。这对即将40岁的她来说，绝对不是一件好事情，尽管多年来如同游牧民族一般四处奔波的职业生涯为她积累了很多工作经验，但是任职了 5 年的最后一家公司却好像没有看到她的价值，只给了她 3 个月的离职准备时间就把她打发走了。虽然这早已在意料之中，但它一旦来临，却还是有些难以接受。

在准备离职的那 3 个月里，拥有多年工作经验的她常常会有一种迷茫的感觉，觉得自己丧失了某种归属感，觉得自己仿佛是一个飘荡在街头的游魂，无处可去。也许是因为自己稍大的年纪，也许是因为期望过高的年薪，这些似乎都成了她前进的绊脚石。更为重要的是最后一家公司给她带来的伤害，让她内心深处产生了一种强烈的想法或是欲望——"我不想被生活再次抛弃了"。

就这样，随着离职而来的无所适从让她第一次感觉到人生的漫长和空虚。在那段时间里，她没有为迎接新的挑战去做准备，而常常觉得自己将逐渐丧失存在感，为此，她陷入了无尽的担忧之中。她担心失去工作会让自己与世隔绝，人们会投来异样的眼光。然后，无措、不安、孤单接踵而至。

面对类似的情况，或许我们每个人稍有不同，但我们也会像她一样，担惊受怕于那些不情愿的"离别"。所谓"离别"不仅仅意味着与他人的分手。比如，与朋友告别，和一直萦绕在心头的感情或者熟悉的状况的分离都可以说是"离别"。而所有的这些，都会因为某种"失去"的感觉，让自己掉入思念的深渊。

☾

在心理咨询过程中，我经常会谈论起孤独。如何才能不孤单，如何在面对人生无数次离别时不那么难过，其实对于这个问题，可能人们都想找到自己的答案。每当谈论这个话题时，我时常会提到"隐身斗篷"的故事。

"如果你有一件隐身斗篷，穿上它的那一刻你就可以隐身，你想做什么？"

如果像这样开玩笑地提出问题，人们就会展开想象，开始谈论自己想做的事情。有的人想偷偷坐火车或飞机去旅行，有的人想找仇家复仇。总之，从在他人视线中获得自由的那一瞬间开始，一直以来无法满足的欲望就会涌上心头，这些欲望都是我们平时压在内心最深处的东西。如果有钱，如果有力量，想让自己更自由。这也是我穿隐身斗篷时才露出的另一面。

"老师，您想用隐身斗篷做什么？"他们偶尔也会用这个问题来问我。我绞尽脑汁，最后惊奇地发现，其实就算穿上斗篷也没有特别想做的事情。因为我已经度过了想让自己周期性隐匿的那个阶段。

我把这段特别且隐秘的时间称为隐遁。隐遁对我来说，就像穿着隐身斗篷一样，可以摆脱他人视线，那段时间自由且有趣，我可以专注于自己的内心，做自己想做的事情，当然，不是做一些平时不敢做的坏事或越轨行动。像这样，暂时摆脱外界，沉浸在属于自己的世界中，真的是为自己充电的不二法门。

如果某地以低廉的价格出售隐身斗篷，会有人不愿意买吗？有谁不希望脱离他人的视线获得自由呢？但若像那个姑娘一样害怕独处，可能是担心"万一脱不了斗篷怎么办"吧。毕竟，一直穿着隐身斗篷而脱不掉的话，人就可能永远都活在别人看不见的绝对孤独之中。

但这件斗篷是我的所有物,只要我愿意,随时都可以脱下。不能脱掉斗篷之类的事绝不可能发生,孤独也一样,因为我掌握着这种感情的主导权,因此,比起孤独带来的痛苦,我更能享受孤独带来的自由。所以我认为,那种自由的独处时间就是快乐的隐遁时光。

在这本书中,我想为害怕孤独或想享受孤独的人们介绍多种隐遁的方法。当我们合理且正确利用隐遁时光时,有时它会架起一座桥,帮助我们越过不幸;有时会让我们找到一条神秘的隧道,为转换自身的生活角色提供空间;有时也会指引我们找到心灵的安息之处为自己充电。这时我们感受到的"孤独"就不再是纯粹意义上的孤独了,而是让我们接近生活的本质,体会人生本源的"好的孤独"。当然,"好的孤独"有时也是培养我们人生免疫力的最好药剂。

即使是现在,每当感到疲惫时,我都会安静地待在只属于我的空间里,享受从疲惫中恢复的时间。那段安稳的时光,能为我的生活提供坚实的后盾。希望我所经历的隐遁之乐,也能成为各位读者阻挡世间风浪的港湾。

——"申纪律的心灵茶馆"店主申纪律

第一章　独自蜷缩的时光

当你感到无处可去时　　　　　　　　　　3

当道阻且长时　　　　　　　　　　　　13

当分离不可避免时　　　　　　　　　　23

把孤独分期付款　　　　　　　　　　　33

经历人生寒冬时，不能忘却的事　　　　43

规避不幸的智慧　　　　　　　　　　　55

第二章　让日常生活变得像呼吸一样轻松

打开属于自己的10分钟开关，活成喜欢的样子　　63

用习惯改变日常生活　　73

寻找第二个舞台　　83

当寸步难行之时　　91

想要看见森林，就要跳出森林　　97

整理——抓住无序的能量　　109

把凌乱的思想碎片整合起来　　119

第三章　成为心灵的主人

孩子们创造的专属空间　　131

与自我想象相关的隐遁之乐　　139

越看，越鲜明　　147

治疗"YouTube blue"心态　　159

成为自由岛的主人　　169

第四章 排解坏情绪的心灵出口

开启心灵的旅程：镜子冥想与生存冥想　　179

享受独处的乐趣　　191

穿越孤独的沙漠　　201

靠近他人的悲欢　　215

后　记　写给那些正在装扮庭院的隐遁者们　　223

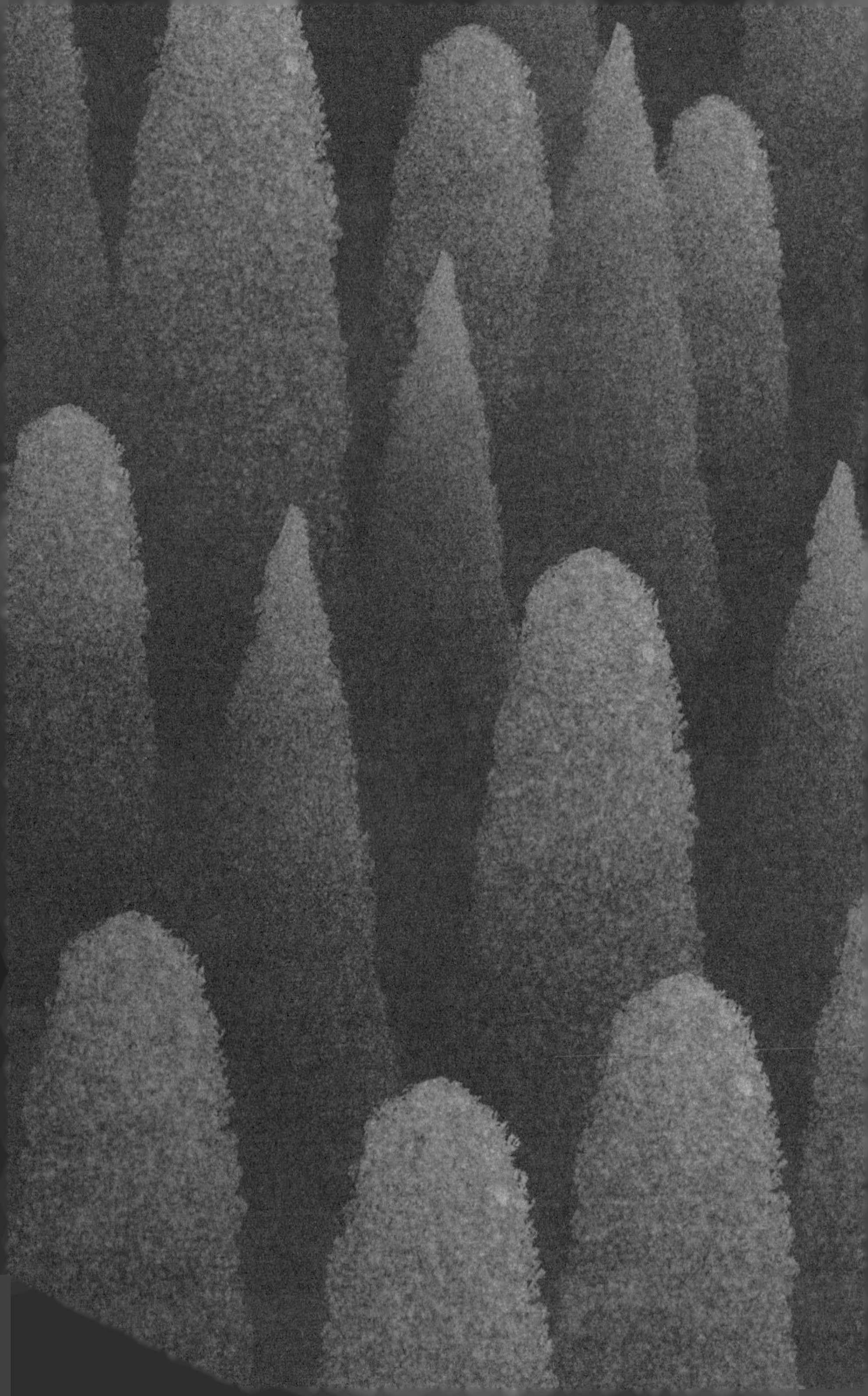

第一章

独自蜷缩的时光

当你感到无处可去时

第一章　独自蜷缩的时光

韩国小说家金薰先生曾把自己的书房比作"掌子面"。这个词本意指矿洞里坑道的最末端,一个常年伴随着炙热难耐的高温、氧气稀薄的恐怖之地。

在这种地方工作的人们通常只有两种选择——前进或者停止。如果你选择停下来,就可以放下工具,原路返回。可如果一旦决定要继续前进,那就不得不拿起镐头凿向更加坚硬的墙壁,并思考下一步挖掘的方向和距离。

换句话说,掌子面就像是一片神秘而蛮荒的无主之地,那里充满着令人窒息的恐惧同样也伴随着意料之外的希望。金先生之所以这么说,可能因为在自己的书房里,他经常感受着绝望或者希望的情绪,做着放弃或者坚持的抉择。

如果说在黑暗而恐惧的坑道里,劳作的工人们尚可结伴而行,那么在生活这条更加乌天黑地的路上,我们每个人则注定形单影只。在这孤独的道路上，我能拿起的镐头就是"知识"。从这个意义上说，书房也是聚集了各种镐头的仓库。读书、学习，积累各种知识，就是冲破人生"掌子面"，助我前行的镐头。

如果说书房之于金先生，就像是生活和事业一锤定音的仲裁庭，那么之于我，书房就像是远离纷扰的世外桃源。在那里，书本为我支撑起遮天蔽日的帐篷，让我远离生活的风雨，徜徉在另一个世界里。

在这里，我不得不提起我的孩提时代，那个还没有拥有自己的家和独立房间的特殊时期，多亏了漫画屋和书店，那些到处都是书的地方，我才避免了风吹雨淋，可平安度日。

☾

我的父亲是个有些脆弱的人，每当自己工作不顺的时候，他就试图前往另一个地方，从头开始。因此，小时候的我也不得不跟着父亲频繁搬家，每当年级变化时，我们便前往不同的城市生活，就仿佛每年的例行活动一般。现

第一章　独自蜷缩的时光

在想想,那个时候我去过首尔、釜山、光州、昌原等很多陌生的地方,并在那里求学。

我天生沉默寡言、性格内向,因此每进入一所新学校时,都要为了不被同龄人孤立而殚精竭虑。但这种令我惶惶不可终日的努力也没能持续太久。小学三年级,我终于在转到新学校后濒临崩溃,于是选择了逃学。然而令人心痛的是,我当时一个月没去学校,老师竟然没有意识到我的缺席,那时是多么缺乏存在感啊!

为了躲避学校,最初的逃学日子里,我几乎都在弯弯曲曲的小胡同和有陡坡的楼梯上度日。我像个幽魂一样徘徊其间,来往的人或小动物,都是我的关注点。午饭时间,我则回到空无一人的家里做饭吃,享受自己独处的时光,直到晚归的父母回来。

不过现在回想起来,和在学校的日子相比,走在胡同里给小动物投喂食物、观赏风景的时光倒是更让人记忆犹新。我时常会担忧,假如当时我的生活就在那样的轨道上进行下去,如今的自己会是什么样子,我的生活又会坠入怎样的深渊?然而幸运的是,我如丧家之犬般的生活奇迹般地出现了转机。拯救我的这个转机并不是老师的谆谆教诲或是同学们的宽容接纳，而是在当时被视为对青少年如洪水猛兽般的漫画屋。

我至今还记得第一次误闯进漫画屋的场景，刚一开门，满屋五彩缤纷的书本和油墨散发出的香味瞬间刺激了我的感官，此前，我从未见过这么多的书，也从未发现自己生活的城市里居然有这样神奇的场所，那一刻我就意识到，我无可救药地爱上了它。从那天起，我的生活就变长了，在读漫画书或者在去漫画书屋的路上，我乐在其中，不能自拔。那个时候我没有钱，通常就只能假装在挑书一样，各处看看，或者挨个去看漫画书的封面来打发时间，我把自己投入漫画的情节里，经历其中惊险刺激的场景，体味其中温馨快乐的时刻，那是我的生活中不曾有过的东西。

然而漫画屋带给我的不仅是读书的快乐，更让我体会到了内心里久违的平静和安宁，这种感觉是家和学校从未

第一章 独自蜷缩的时光

给过我的。漫画屋明明是个公共空间，但从我走进去拿起书本的那一刻起，我就逃离了自己并不擅长的现实生活，进入了一个全新的世界。漫画屋让我明白，除了家和学校，世界上还有着各式各样的"避难所"，处于那里的我，不用在意别人的目光，不用顾及别人的感受，不用挖空心思只求同学们的接纳，那是一个只属于我的隐匿世界。就这样，漫画屋成了保护我免受学校带来的孤独感的港湾，也成了我生命中第一个隐遁之所。

可令人奇怪的是，在我找到了这个新世界之后，我不再逃学了，我重新回到了课堂，拿起了书本，尽管我依然是这个群体里的外来者，依然饱受同学们的非议，但是这时我为自己的心找到了一个安静的归处，我变得不再焦虑，不再自卑。一想到下课后就能冲向漫画屋，钻进属于自己的世界里，学校的孤独早已微不足道了。

☾

此后我依然频繁地转学，但幸好各地都有漫画屋，所以我无所畏惧。初中之后，随着年龄的增长，我的世界渐渐从漫画屋转移到了书店，对于漫画的喜爱也渐渐转变成了小说、诗歌之类的文学作品。安静的书店依然让我的内心充满安宁，和那些漫画相比，那些没有图片的文字，让我在想象力的世界里驰骋得更加自由。

如今的我，虽然早已经度过了自己的求学时光，但偶尔还是会在焦虑的时候去书店——那个依然属于我自己的世界。在这里，慢慢地绕着书架走，选择自己喜欢的书，坐在人迹罕至的角落里阅读，我仿佛又置身于小时候那样陌生而孤独的环境里，但内心却充满安宁和阳光。

我喜欢这种自由的阅读，因为自由的阅读没有考试，让人感到轻松。拿着一本自己喜欢的书，欣赏着其中美丽的文字，感受其中或激情如火或平静如水的情绪，我想，这才是阅读的真谛。

和一贫如洗的求学时期相比，如今的我富有了很多，所以如果遇到很喜欢的书，我会买下来，留在身边，在心里难受的时候就拿出来看看，越沉浸于文字之中，便可越远离纷繁的世界。有时，我会产生一种激动的感觉，仿佛

第一章　独自蜷缩的时光

到了另一个世界旅行；仿佛回归到了最初我生长的那个地方。在这个物欲横流的世界里，只有那个曾经的属于自己的世界才能治愈我内心的浮躁，才是我的灵魂归处、心安之所。

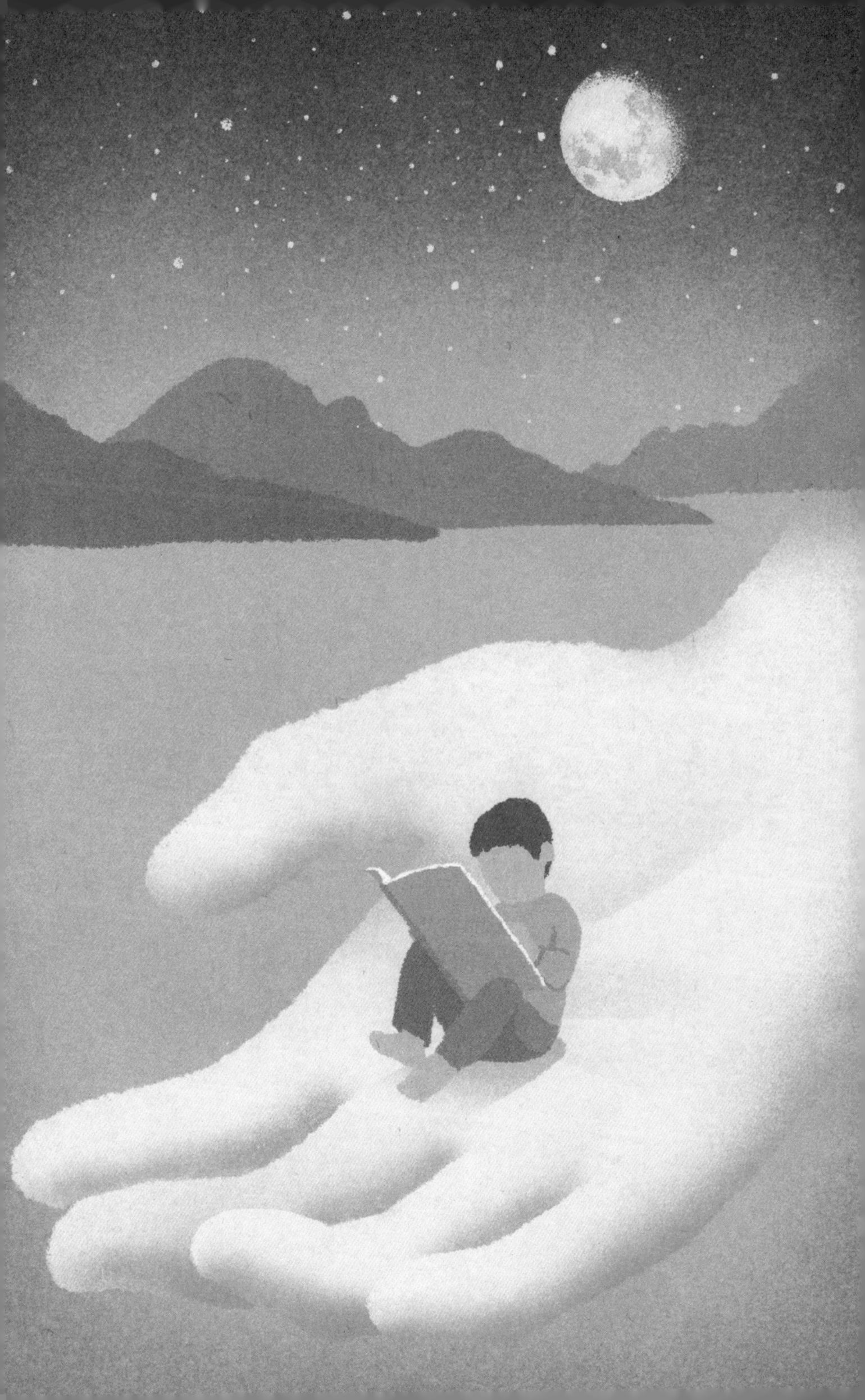

当道阻且长时

第一章　独自蜷缩的时光

24岁那年的秋天，从小就想成为作家的我决定放弃眼下的工作，报考文艺创作系，成为一名"大一新生"。虽然不是一定要上大学才能写文章，但是为了追寻自己的梦想，被内心强烈的归属感所驱使，我毅然决然地做了上述决定。要想进入文艺创作系，就必须像其他艺体能专业一样，进行单独的写作考试。虽然我已经很长时间不与考试打交道了，但对于写作考试我还是自信满满。毕竟比起那些年幼的学生们，丰富的经验和经历才是写作的根基，而这点恰恰是我的优势。

考试当天，我比考试时间提前一个小时左右到达了考场。我想在安静的气氛中平心静气地准备写作，但却遇到了意想不到的情况。本应空着的教室里竟然挤满了考生，当我推开考场门时的那种感觉，时至今日，每每想起都让我备感窒息。

其实那个时候，我已经确认了好几次考试时间。准考证也都看了无数次，但当我用颤抖的手再次从包里拿出准考证时，上面写着的时间居然不是下午1点，而是上午10点开始。怎么会出现这种不像话的失误……

我低着头呆呆地站着，由于考官们就我的考试资格争执不休，所以我又等了30分钟，直到我拿到了写有"迟到2小时30分的学生"的红色稿纸，才得以进入考场。考试时间是3小时，剩下的时间只有30分钟。要写出刚看到的主题随笔，时间远远不够。我的心里已经充满了绝望，脑子里一片空白。结果，当然是不及格。

结束考试的那天，我从考场出来走在回家的路上，脑子里除了气愤，什么都装不下了。快到家时，我走进了一条人迹罕至的胡同。当时天已经黑了，胡同里连个路灯都没有，拖着疲惫的身心走进寂寞的小巷，我觉得自己更加凄凉。这时，在漆黑的夜空中看到了一个又大又亮的东西——那是一轮满月。

我不忍心回家，坐在月亮清晰可见的阴凉处，蜷缩在月光中，直到月亮消失不见，然后哭了好一阵子。那天的

第一章　独自蜷缩的时光

月光就像是一位老友，它安慰沉浸在自责中的我，并且我确定，彼时彼刻，也只有它才能抚慰我的心灵。那一天，我第一次意识到月亮那么神奇，它可以治愈我内心的伤痛。

从那天以后，我每晚都会看夜空中的月亮。月亮每天都会有不同的样子。昨天是纤瘦的新月，过了几天就变成了满月，不知不觉又变成了黑暗的残月。渐变的月亮从残月再次变成新月，过了几天后，最终完全消失在黑暗中。在我们肉眼可见的一切事物中，能把自己的面貌变得如此多姿多彩并发光发亮的也只有月亮了。

随着仰望天空的日子越来越多，我的好奇心也越发强烈。于是，我读了很多有关月亮的书。古代人认为变幻无常的月亮和人心是用看不见的线连在一起的。所以他们相信，每当月亮变化的时候，人心也会随之变化。如果满月升起，我们的心也会变得丰富，而当初生的新月升起时，我们的心也会变得脆弱而沉静。特别是当朔日到来，月亮消失在黑暗里的时候，人们的心也会随之消失在黑暗里。

黑暗并不意味着人们对朔日的看法是否定的。相反，人们认为这段时间是月亮从消亡到新生的"准备时间"。因此我认为，一到朔日，我们的心也会把之前积累下来的痛苦和悲伤清空在黑暗中，以崭新的心态准备重生。

听着古代人的故事，我想，如果没有朔日的瞬间，月亮也许会在永生的痛苦中煎熬，无法清空从前的伤痛。那样的话，月亮还何以抚慰我的心呢？通过朔日然后重生，月亮依旧惊艳绝伦。像月亮一样，人们也可以拥有朔日的时间，把脏乱的心、嫉妒的恨、内心的负罪感等负面情绪清空后，重新开始。

朔日一到，我好像就听到了月亮的耳语。在像夜空一样黑暗的社会中，每次都要戴着不同的面具才能面对不同人的时候，我们是否时常感到内心的疲惫？这个时候，你应该拥有让自己消失的时间，拥有那样的"重生"时间。

就像月亮有了让自己"消亡"的时间，才迎来了再次的光明一样。听着月亮的细语，我认为自己的人生也需要这样的"朔日"。

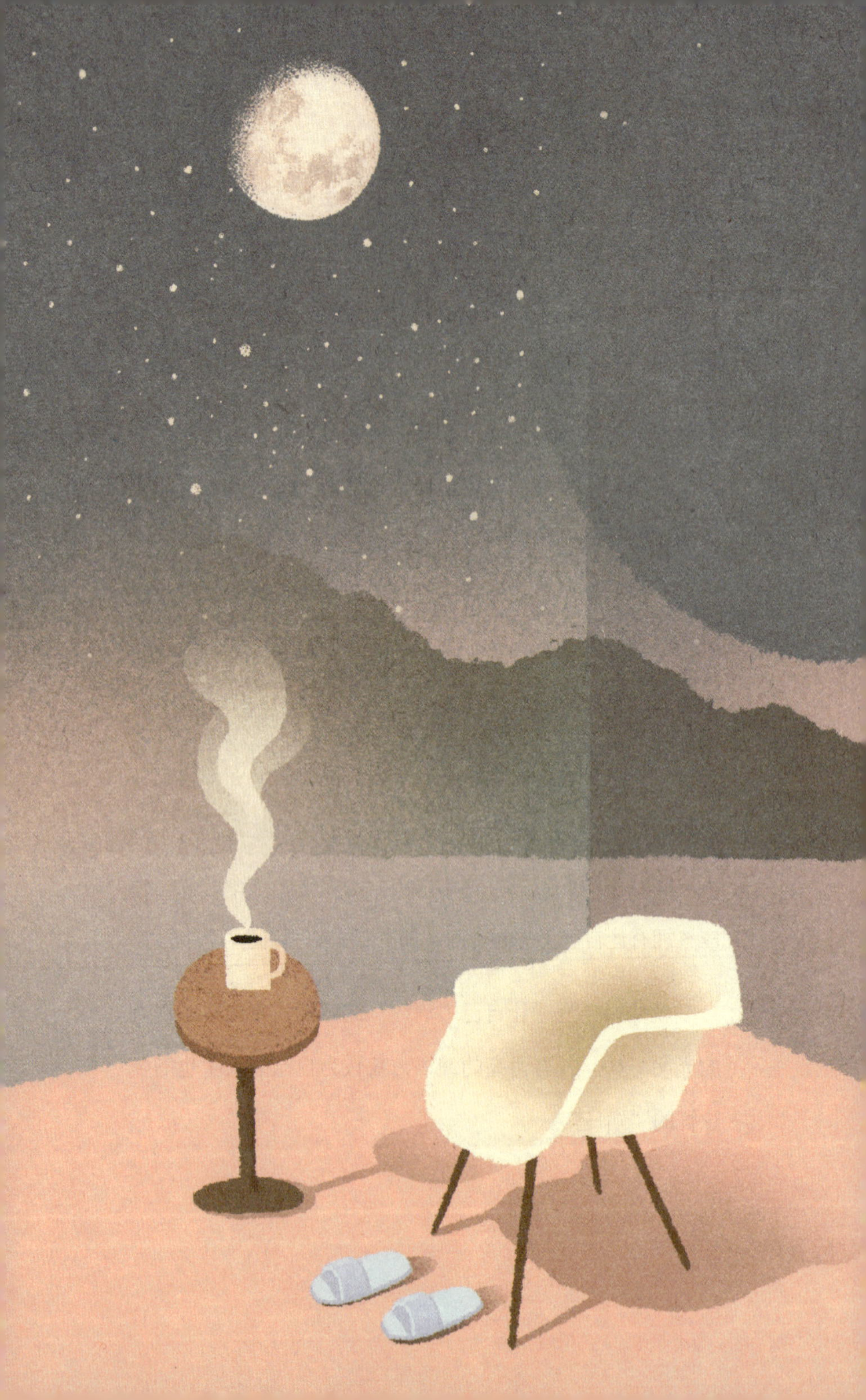

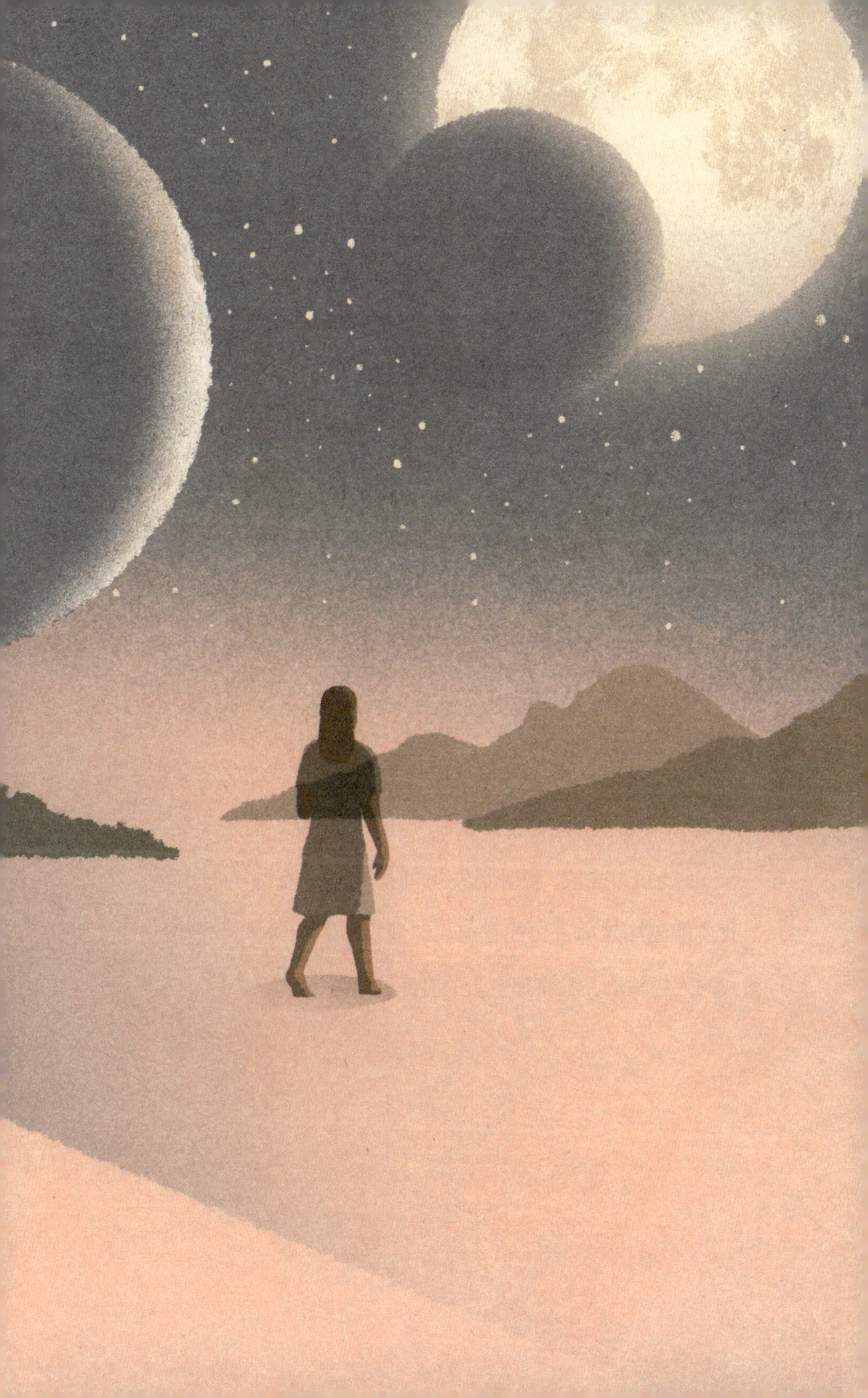

第一章　独自蜷缩的时光

🌙

回想起过去，在出现荒唐失误的考试时期，那时的我好像只顾着向前奔跑，从未休息。那时我时常将自己埋没于过度的紧张以及不必要的苦恼、担心之中。我的 24 岁，是个不同于其他人的起跑线，经济上的压力、无人支持的辛酸、挑战自我的负担，这些沉重的感情聚集在一起，压得我喘不过气来。或许正是如此才最终导致了我荒唐的失误。可以说，迫切的焦虑感如同乌云一般，不仅遮住了我的眼睛，更黯淡了我的内心。

从那以后，我开始努力过上不想勉强自我的生活。每当出现失误时，我不再像以前一样那么急促，而是学会自我安慰，度过一段"暂时消失"的时间。因为有这样的时间，我才能越挫越勇，勇往直前。"朔日"的时间是月亮送给我的人生领悟，我将那宝贵的时间称为隐遁。

如果没有"朔日"会怎样呢?
月亮也许会在永生的痛苦中煎熬,
　　无法清空从前的伤痛。

当分离不可避免时

第一章　独自蜷缩的时光

我是在一个教室里认识恩善的。当时，我收到一个小型的写作互助会的邀请，去上一节关于治疗内心伤痛的写作课。上课的时候，有时即使他们不愿意，也不得不提起自己的那段往事。因为只有我们毫无保留地展现自己人生的面貌，才能知道如何治愈心灵，才能成长。但要重新审视人生却并非易事。因为对于伤痕累累的人来说，回顾本身就是回忆痛苦和面对痛苦的过程。在课堂上，每个人都要经历这样的艰难时刻。

恩善就是这样，她也把自己的过去小心翼翼地拿了出来，她对待那段过往，犹如对待一盏玻璃杯一般，轻轻挪动都唯恐会将其打碎。5年前，她是一个28岁的上班族，在一个平凡的家庭里安然长大。几经挑战后，她从最初的四面楚歌转变为渐渐地被周围人认可，再加上洒脱又亲切的性格，她很快与大家打成了一片。但一件事却彻底改变了她的人生。那件事始于她的父亲。

平时沉默寡言的父亲对她来说是很亲切的人。每当和母亲吵架或和弟弟闹别扭的时候，父亲总是站在她这边。当自己因为没有喜欢的衣服而伤心的时候，父亲总会适时送给她一件漂亮的衣服。她很好奇，父亲是如何这么准确地了解自己的心意的。上大学的时候，父亲偷偷给她攒钱买电脑。在她神经变得敏感并且毫无顾忌地发脾气时，父亲也没有教训她，而是用又大又瘦的手抚摸着她的头来安慰她。对于恩善来说，父亲是一个坚实的后盾。

直到有一天，父亲在睡梦中突然去世了。家人们在看到死亡诊断书后才知道父亲平时就患有糖尿病和肝癌。因为害怕治疗会花费太多钱，他向家人隐瞒了病情，最终离开了人世。父亲在她毫无准备的情况下去世，这突如其来的灾难让她难以接受。怎么能让父亲独自去面对这可怕的疾病和死亡呢？她陷入了深深的负罪感之中。她忽然意识到，自己居然都没有为父亲做过什么。而现在，那座可以依靠的大山消失了，她的港湾也消失了，失落感就这样将

第一章　独自蜷缩的时光

她拖进了孤独的深渊。

☾

在进行心理治疗的过程中，我会遇到很多像她这样因失去至爱而痛苦的人。无论是谁，都会背负得到爱又失去爱的这份恐惧。如同若要得到爱的喜悦和满足就必须付出代价一样，这便是命运交给我们的账单。爱得越深，付出的痛苦就越大，但我们常常陶醉在爱的甜蜜之中，将自己收获的爱看得理所当然，而在面对突如其来的痛苦时，却没有任何心理准备。

恩善就是这样的。因为她太爱父亲了，从来也没想到过父亲会离开，哪怕是做梦也没有梦到过。像她这样没有做好"分手"准备的人为了忍受突如其来的失落感，总是把心寄托在时间上。就像把沾满污垢的手浸在流水中一样，等待岁月的流逝，希望痛苦也自然地消失。恩善说，她唯一能做的只有等待，等待时间抚平伤口。

虽然她不知道悲伤要多久才能消失，但她必须尽力克服，坚强地活下去。然而，深深的失落感带给她的更多是对于生活和命运的无能为力。一个与她内心正相反的，光明而充满活力的世界却让她更加孤独。

为了寻找快乐，她交了男朋友，培养了其他兴趣爱好，同时接受了精神治疗。但是情况并没有好转，悲伤还没有消失，她坠入了孤独的深渊，仿佛马上就要消失在这个世界上一样。她在写作课上遇到我，也是在挣扎了好一阵子之后，她对我说了这样一段话：

"老师，我没有信心再活下去了。悲伤的情绪总会突然一下子涌上心头，眼泪也不听使唤，我的心好像已经不属于我了。不管怎么去尽力忍耐，都无济于事。在与人相处的时候，为了不表现出来，我想过要硬挺过去，但现在连这都行不通了。我以后该怎么活下去呢？"

用了好长一段时间，她才把自己内心的痛苦全部说了出来。在那件事发生之前，恩善是个开朗的人。可是经历了那件事以后，为支撑自己能够面对生活，她用尽了所有的力气，想尽了各种方法。听着恩善低声的陈述，我建议她不要再浪费时间，把所有的事情都暂停下来。如果说

第一章　独自蜷缩的时光

到目前为止她所做的努力是在回避孤独，那么现在不如堂堂正正地进入到孤独之中。

一直以来，恩善都装出若无其事的样子，在人群中扮演着开朗活泼的角色。但她却没能照顾好自己那颗本该需要温暖抚慰的内心。如果男朋友、兴趣爱好、繁忙的日常生活都无法满足她，那么，想要摆脱无法和平相处的自己，独处一段时间才是解决问题的唯一方法。只有这样，她才能够专注于自己，知道自己该做什么。

这种方法对于已经失去生存意志的重症患者来说，可能不是一个好办法。但是对于像恩善这样，带着恢复意志想要寻找新的突破口的人来说，可能会事半功倍。

☾

一个星期后，她做了一个比我想象中更大胆的决定。她要做的，不是暂时的独处，而是要放下一切社会活动。她向公司递交了辞职信，与近乎敷衍对待她的男友也分手了。她向亲近的朋友们坦率地表示了自己将要独处的决定，并请求了大家的谅解。一切处理妥当后，她开始了漫长的蛰居——长达一年的隐遁生活。

我嘱咐她说："重要的是你的目标、秩序感和意志，不要依靠别人，而是集中于自己。"可能是因为我的请求，她没有整天蛰居在黑暗的房间里，过着无助的日子。相反，她后来的生活要比在公司上班时还更有规律。

她每天的生活是以出门散步作为开始的。早上起床后，她穿好衣服，不吃饭就出门了。步行经过家附近的清溪川，经过钟路，来到南山，这段路程往返需要6个多小时，她走了又走，未曾间断过一天。偶尔凌晨起床后，她会去东大门早市，在那里看着辛勤搬运衣服的工人们，回想起自己消失的生活热情。

到了晚上，她就读书写字。写作时，她无数次地回到过去，与父亲重逢，和父亲对话。对话越频繁，她就越能客观、冷静地看待自己和父亲。恩善每天都努力遵守自己制定的日常规则。而且，这一切的目的并不是希望能让她在这个社会上苟活下去，而是为了寻找自己内心的安逸和快乐而做的努力。

第一章　独自蜷缩的时光

我偶尔会和她打个招呼,保持联系。一年的时间过去了,我终于见到了容光焕发的她。

"现在我好像可以重新开始了。该怎么说呢,这一年的努力让我的心凝聚了能量。可能是想回去工作和社交了吧?昨天我一想到今天要和老师见面就很激动,当时您帮助我做出决断,真的非常感谢。"

隐遁期间凝聚的能量在恩善重新回归社会的瞬间,就像岩浆爆发一般有力地将她托了起来。有了那股力量,她才能重返社会。当然,失去所带来的孤独感并没有完全消失。有时她会像以前一样惧怕孤单,对父亲感到抱歉,有时她也会再次陷入无力的深渊,但现在,恩善已经有足够的力量来处理自己的情感,可以静观其变。

把自己放在生活的中心,过着满足自己的生活,从他人那里解脱出来,内心将会变得成熟而深沉。

她的故事让我想起了生活在沙漠中的蝎子。它们生来小巧，也没有骨头支撑身体，取而代之的是像盔甲一样保护自己的坚硬外壳，以此来对付比自己强大的敌人。但问题是这种盔甲并不会随着身体一起生长。所以当身体比盔甲大的时候，蝎子就开始蜕皮。这相当于把人的整个皮肤剥掉一般。

当然这个过程是痛苦且危险的。稍不留意，剩下的皮就有可能扎在身上，导致死亡。它们也不会在蜕皮后马上长出新的外壳。因此，蝎子一旦到了蜕皮的时候，就会把自己藏在隐蔽的岩石缝隙或草丛中。为了成长，必然要度过一段孤独的时间。在长出完美外壳之前，蝎子要反复经历这个艰难的过程，少则四次，多则九次，即使感到痛苦，也不放弃，不断更换适合自己的"衣服"。

我想到蝎子的蜕皮，心想人的心是不是也像蝎子一样，被没有骨头的坚硬外壳所包围着呢？包围着内心，也包围着命运的多舛与生活的无常？因为这层外壳没有骨头，所以可以柔软地包裹起一切，也可以在某一瞬间变得坚硬无比，任刀剑也无法伤其分毫。可能人也像蝎子蜕皮一样，只有通过痛苦的磨炼，才能获得成长。要想活得有个人样，就必须经历一个忍受痛苦的孤独过程。

为了成长，我们不得不离开守护着自己的熟悉的外壳，这不仅需要强大的勇气，也要有把离别当作成长的智慧。如果生活从某个瞬间开始，让你感到痛苦和郁闷到无法忍受时，那么你就应该认为是时候脱掉盔甲，重新开始了。当那一瞬间到来的时候，你就要放下习惯的日常生活，等待新的外壳出现。虽然这个过程很痛苦，很孤独，但是一旦结束了内心的"蜕皮"，你就会以更坚强的内心去面对世界，让人生走得坦然。

把孤独分期付款

第一章　独自蜷缩的时光

　　生活中的不幸也许会突然降临到我们头上，比如突如其来的家人离世、意外事故、预想不到的失败、离别和背叛、误会和矛盾……不幸将我们推向绝望和孤独的深渊，别人永远无法知道。身处这看似无休无止的不幸旋涡中心的我们体验着地狱般的痛苦，无路可逃。我们数百次、数千次地问自己，这种令人厌恶的痛苦要什么时候才能停止？难道真的要等到它完全摧毁了我们的生活？

　　东方的自然哲学对这种问题给出了明确的答案。每个人的人生中都会带着命中注定要经历的孤独和不幸。孤独的总量是固定的，这意味着如果到目前为止我们一次都没有过孤独的生活，那么有一天我们终将经历。相反，如果我们长久在难以承受的孤独中生活，终有一日，我们会否极泰来。

这并不意味着命运会主宰一切，命运只决定了我们应该经历多少孤独。如何接受和解释命运带来的孤独，在其中寻找什么样的价值，如何填补孤独，都应该由自己决定。

之前提到过的恩善，她以隐遁的方式填补了因失去亲人而带来的孤独。如果只是等待时间流逝，勉强工作，与他人纠缠在一起，那她必然就需要更长的时间来填满这所谓的孤独。也许时间太久，孤独会使生活陷入孤立的状态。但是她因为有一年的隐遁时间，所以一下子就填满了那个充斥着孤独的容器，于是，生活得以重新开始。

许多人在面对心灵创伤的时候没有合理的方法。他们害怕被别人发现自己内心的疲惫与无力感，害怕让人看到无法控制自身情绪的自己，因而将自己深深隐藏起来。其实越是如此，越要正视内心的创伤，设定方向为自己留出治愈心灵的时间。我们根本没有必要因为别人的感受来塑造一个虚假的自己，戴上各种各样的面具。我们要用自己的眼睛审视自己。

这么说也许有人认为是不负责任的。还有人会说，所谓隐遁固然是一个好方法，但我们还有需要负责的家人，

第一章 独自蜷缩的时光

还有堆积如山的事情，怎么能这样呢？说得有理。我们常常被沉重的责任感所束缚，被多种业务所困扰。但这并不意味着没有办法，只要依照实际情况找出相对应的方法就可以了。

☾

填满孤独，方法比想象的要多。有的人通过绝望和忧郁来填补，有的人回避现实过着纸醉金迷的生活。但比起这些，发自内心的隐遁或许更明智。通过隐遁来填满孤独，指的是像恩善那样生活，这意味着我们需要从戴着社会面具的舞台上下来，让自己安静度过一段时间，在这段时间里重新得到休息，重新寻找秩序与希望等。在这个过程中，孤独并不是负面情绪，而是让自身变得更加清醒的积极情感。

"自我隐遁"的好处是时间和空间都可以由自己任意决定。是"暂时"还是"一辈子"，我可以随意选择，是在家还是在深山的小屋里，我也可以做出自己想要的选择，这种享受隐遁的自由让我可以为孤独的总量分期付款。这就好比将昂贵的东西分几个月支付一样，我用反复短暂的孤独来应对长此以往的孤单。

为了给孤独"分期付款"，我经常用的方式是去陌生的地方，每个月我都会用固定的时间随心所欲地在城市里游荡。方法很简单，要么开车，要么坐上自己喜欢的那辆公共汽车，在陌生的地方下车，然后慢慢散步。有时，我也会在陌生的胡同里漫无目的地走很久，就像异乡人一样，迎接寂寞的袭来。有时，面对初次看见的街道和建筑物，我也会感到激动。有时，第一次接触到的气味会刺激我的嗅觉，而这个陌生的地方偶尔也会传来只有在那里才能听到的独特噪声。所有的这些，或许住在那里的人早已习惯，但对我而言，一切都是如此充满新鲜感。

当一个人身处陌生的风景之中时，内心的想象也会被激活，惹得你浮想联翩。那扇门为什么被漆成蓝色？那个貌似超过50年的旧建筑里隐藏着怎样的故事？就这样，一个个断断续续的新奇想法不断从脑海中涌出，最后编造出一个关于陌生地点的全新故事。就像黄色和蓝色混合后会

第一章　独自蜷缩的时光

出现绿色一样，当孤独和心动相遇时，就会产生全新的视觉效果。

"原来当时应该这么说、这么做啊，我怎么没想到呢？！"瞬间涌现的小小感悟也可以将积压在心中的陈年感情痛快地一扫而空。在陌生地方度过的孤独时光，就是净化心灵的时间。

也有人像我一样，不是每月一次，而是每天一点一点地享受孤独。钢琴家金善旭，我是在视频平台上观看多位音乐家演奏贝多芬的乐曲时认识了他。他的演奏很自由，也很有个人节奏感，不夸张地说，他的演奏几乎可以用余音绕梁来形容。

特别是听着他演奏的《月光奏鸣曲》时，我仿佛就能真切感受到茫茫大海上湛蓝波涛里孤独荡漾的月光。我对他的演奏很感兴趣，还特意找到了关于他的采访报道，他的话就如同他演奏过的《月光奏鸣曲》一样令人回味悠长。

从小就走上音乐道路的他，常常一个人去找乐谱，去找演出场所，观看演出。因为跳过高中直接进入了韩国艺术综合学校学习音乐，所以他也不能和同龄人一起体验普通的生活。他回忆说，对他而言，孤独的幼年时期反倒是最具魅力的时光。

"硕大的舞台上只有一架钢琴，那种茫然的孤独吸引了我的心。只有一个钢琴家掌握着那个空间，于是空荡荡的地方，从某个瞬间开始变得温暖起来，还有比这更有魅力的吗？"

一个人的时候，他隐遁在音乐中，度过了成长且有意义的时间。如果他把自己关在平凡的童年里，即使不是独自一人，也可能陷入胜似一个人的孤独之中。

30多岁的金善旭现在依旧是音乐界的努力派。他成功的背后是20多年来每天3～4小时有规律地练习。从刚开始学习到后来成为世界级钢琴家，他每天都会在练习室里独自待上3个小时。如果是在学生时代或在大赛之前，进行这种强度的练习自然是理所当然的，但毕业后，在没有演奏的情况下，每天还要花费时间进行如此高强度的练习，

第一章 独自蜷缩的时光

不得不说他有很强的韧性。可能对他来说，练琴已经成了日常生活的一部分，就像吃饭上厕所一样。

对于不了解他的人来说，他的努力只能被认为是有才华的音乐家坚持不懈的热情。但是对于了解孤独的人来说，他看起来像是一个隐士，他在用音乐的快乐去填满自己天生的孤独。

关于如何填补孤独的命运，如何用分期付款的方式一点点填满孤独，看到他，我们似乎就知道了答案。可能我们现在的生活并不孤独，或者我们正在不幸的孤独中疲惫不堪，但是如果把日常生活一点点用隐遁的时间来填满，我想那一定能一点点地填满内心中大片的孤独，精彩地度过自己的人生。

也许在灵活运用孤独的人中，能活出自己精彩人生的人有很多。也许在孤独者的命运里，放着比别人大得多的孤独器皿，他们要经受的孤独也比一般人要多得多。但他们不惧怕孤独，勇敢创造生活中的绿洲，穿越孤独的沙漠，从他们身上，我们也获得了穿越人生苦难的勇气和智慧。

他们可以，意味着我们也可以。也许有一天，命运给我们投下了孤独的阴影，我想我们也一定能为自己创造出绿洲，穿越孤独的沙漠。

经历人生寒冬时,

不能忘却的事

第一章　独自蜷缩的时光

"早上起来，一想到要去上班，我就会喘不过来气，出冷汗。身体总是没有缘由地感到不舒服，脸好像也变得越来越丑了。"

乍一听，好像是某个人得了大病，但实际上，这是受到工作压力所致。这是职场人经常提及的话。比针孔更窄的就业门槛是社会层面的苦恼，但对个人而言，好不容易才获得了工作却无法适应，以及职场中人际关系的处理是他们最大的苦恼。

我在心理咨询中接触最多的群体，就是那些苦于适应职场和准备离职的人们。就韩国近来就业网站的统计数据来看，最近 10 年间职场人平均离职次数为 4 次。简单计算的话，就是每 2.5 年换一个公司。如果是因为有更好的选择而跳槽，自然没有问题，但不幸的是，大部分人离职的原因是：无法忍受公司内部复杂且紧张的人际关系，公司无法保障其未来，待遇与其能力不符等。

现今，终身职场的概念已经消失。如果公司和个人互相都不适应，对个人而言，离职或跳槽是最好的选择。但这种选择并不总是正确的。即使再累，我们有时也要坚持到最后，因为这一阶段就好比人生注定要经历的寒冬。

人的生活也像季节的循环一样，存在着春、夏、秋、冬。在这个周期里，有的时候生活会像春天一样开始，有的时候生活会像夏天一样繁盛，有的时候生活需要像秋天一样收获果实，还有的时候生活需要像冬天一样蜷缩起来。我们每个人都生活在各自的季节里。可能在关于人生的季节中，冬天是最残酷的时期，如同在冰河时代一样，我们的生活也会冰冷地冻结，失去生命力。

如果你想知道自己是否正处于人生的寒冬之中，那就应该放眼于生活的整体面貌，而不是只看那些令人痛苦的特别事件。如果在公司里有各种困难，但只要离开公司，你的生活马上就能进入一个轻松愉快的状态，那无疑就是公司的问题，离开就是正确的。这个时期并不是你人生的

第一章　独自蜷缩的时光

寒冬。但如果,你不仅仅在公司里遇到了难题,在日常生活中也遇到了各种各样的问题,例如与家人相处产生不和,和熟人经常吵架等,那么你就需要思考,是否属于你的人生寒冬来临了。

处在人生的寒冬,我们常常会遇到一些意料之外的事,从而迷失方向。有时我们会不知不觉地进行盲目的投资;有时我们会因毫无根据的传闻而丧失自我判断力;有时为了避开欺负自己的上司和同事,我们会想要找一个更适合自己的地方,希望自己的能力得到认可,但最终事与愿违,甚至还遭受了嫉妒,受到比以前更大的心灵创伤。

☾

很多人在人生寒冬来临时,比起顺应季节变化,他们想到的更多是自己最好的时候,而不愿承认退缩时的自己。如果自己想做的事变得困难,有些人就会急急忙忙地去找别的事情来做,以此来寻求存在感。对有这种趋势的人进行心理咨询时,我会忠告他说,与其尝试新的东西,不如暂时喘口气，休息一下。因为人生寒冬来临的时候，人们最好留在原地不动，采取"隐遁处世"的方法就是最好的选择。

所谓的隐遁处世，就是指知道自己什么时候该停下来，什么时候该走，知道自己该和人们保持多远的距离。韩国政界中经常使用"潜龙"一词来表示隐遁的处世之道。潜龙就是指潜入水中的龙。意思是说，为了成为飞上天空的龙，首先需要在水底隐藏自己，培养力量。如果不等待时机擅自行动，就很可能会陷入危机。熬不过潜龙时期，绝不可能飞龙在天。

隐遁的处世之道可以分为：尽力而为且乐在其中的"小隐"，等待其他机会、忍耐危机的"中隐"，以及通过不幸实现人生反省的"大隐"。

小隐，顾名思义指的是享受琐碎乐趣的小隐遁。在能做的事情上尽自己最大努力，同时要保证有自己休息的悠闲时间。就像危急的患者接受紧急输血来维持生命一样，每当有困难的时候，就给自己安慰和治愈的时间，直到自己充满力量、渡过难关。

第一章　独自蜷缩的时光

为了创造这样的治愈时间,我们有必要积极利用平时擅长和喜欢的东西。如果你喜欢吃东西,就在家里做料理、享受美食,或者去平时爱去的美食店也是一种很好的方式。如果说旅行是让自己最舒服的休息方式,那么就去进行一次短时间的露营,或者在市中心酒店度过一天也是不错的。如果每天都能有这样的时间,那是最好的,但如果情况不允许的话,哪怕每周一次,也要在生活的间隙积极给自己安排充电的时间。

所谓的隐遁不一定非要自我孤立。和让自己开心的人在一起,只要能从困难中脱离出来,无论在哪里,这个地点都可以成为我们的安身之所。

这里有一点需要注意:寻求让自我休息的舒适场所,并非意味着喝酒或锁上房门玩游戏。整天躺在床上看手机或沉迷于电视剧和电影,也许能暂时让你得到安慰,但它们并不是能给予自己充足休息的正确方式。相反,这种休息反而会使你为躲避疲惫的现实而置身于更加孤独的空间里,感受到严重的孤立感。

虽然有人会问:"在结束辛苦的工作后,享受下片刻的孤立不是没关系吗？"但自发的孤立就像毒品一样，具有微妙的毒性。因此，一旦你尝试过一两次孤立的甜头后，便将一发不可收拾。当身体放松的瞬间被大脑识别为自由、舒适时，身心就会不断渴望得到这种唾手可得的安乐感。长此以往，这样反复的孤立最终会让你畏缩，并断绝与周围的关系，把自己逼向更加孤立的境地。

那么，该如何区分隐遁和孤立呢？隐遁和孤立的明显差异在于第二天的感受不同。隐遁结束后，回到公司上班时我们会对之前遇到的困难重拾信心。头脑清楚了，心也暖了，身体也轻松了。通过充分的充电，身体和心灵都得到了恢复。如果昨天的休息算是孤立的话，那么第二天一想到要去公司就感到痛苦和不安。脑袋沉重、内心不快，身子也像被水浸湿了一样沉重。因为孤立削弱了心灵的免疫力。

因此，无论何时，都要时刻注意不要让自己陷入孤立。即使是短暂的休息，也要知道自己现在应该做什么，以及由此自己将会达到什么样的状态。有明确的目的和理由，休息才可能成为自我的隐遁时间。

第一章 独自蜷缩的时光

其次,中隐是指为创造其他机会并且为了维持生计而进行的隐遁。一方面是为了现实而维持生计,另一方面也要培养迎接未来的其他能力。如果有人处在艰难困苦中,坚守自己位置的同时,为了未来的梦想还在不断积累,那么就可以认为他已经充分利用了中隐的时间。

提起中隐,我就会想到奢侈品牌香奈儿的创始人加布里埃·香奈儿。香奈儿身世凄惨,幼年时期就不得不迎接自己严酷的人生寒冬。在她12岁时,母亲因肺结核去世,无能的父亲将她托付给了法国中部的奥巴辛修道院。到了18岁,从保育院出来的她,白天在服装店帮忙做裁缝,晚上去酒吧唱歌,以此维持生计。尽管艰难度日,但她并没有放弃学习设计。无论在哪里,在做什么,她都要抽出时间,把自己看到的和感受到的东西牢记于心,然后坐在缝纫机前,把自己的感悟做成帽子、衣服。

后来,在初恋亚瑟·卡佩尔的帮助下,她开了一家名为"香奈儿"的帽子商店,迈出了走向设计界的第一步。从此,她终于走出凛冬，迎来了灿烂的春天。假设她不能忍受修道院严格的纪律，逃离了那里，假设她无法忍受在酒吧唱歌的生活而另寻出路，那么，她就不会遇到改变自己人生的裁缝，也不会遇到亚瑟·卡佩尔。那样的话，现在的香奈儿品牌自然也就不会存于世上了。

在艰难困苦的时期，香奈儿始终坚守在自己的岗位上没有放弃缝纫和设计，这才让她遇到了开启别样人生的机会。为了度过人生的寒冬，我们也需要香奈儿般的坚持。

即使身处艰难生计的藩篱里，我们也要创造出属于自己的时间，坚持学习，不放弃。这段时间，你可以用来恳切地祈祷，希望黎明快些到来，你可以每周完整地阅读完一本书，也可以为了考取证书在每周末奔走在去补习班的路上。即使最后失败，也要将希望的种子紧紧抱在胸前。要相信生活一定会出现转机，奇迹也一定会出现。

最后一种方法是"大隐"。它指的是一种深隐的生活，

第一章　独自蜷缩的时光

不逃避人生寒冬，完全接受，实现自我希望的远大志向。佛家将其称为"入廛垂手"。廛，本义为古代城市平民的房屋、土地，而所谓入廛垂手则是指垂下慈悲之手返回红尘深处去度芸芸众生。乍一看，这似乎与虔诚的佛陀形象相反，真正的修行难道不应该脱离凡尘吗？但在入廛垂手的内在中却包含着"活人"的意思，即修行者只有走进众生的日常，与人混在一起，才能真正心无杂念，达到不动摇的境界。

提起大隐境界的人，我就会想起不久前去世的李泰锡神父[①]。既是传教士又是医生的他，前往苏丹南部偏远的村庄，在那里他传播信仰、教书、治病救人，奉献了自己的青春。他一天要治疗上百名患者，还要给年幼的孩子上课，他把这一切都当成了自己应尽的使命。在那里，他怀着坚定的信仰与人相处，过着只有李泰锡才能做到的生活。

事实上，他本可以凭借自己的履历过上追求金钱和名

[①] 李泰锡神父，韩国传教士，2010年因结肠癌去世。韩国纪录片《东吉别为我哭泣》中记录了其在苏丹南部小城东吉作为传教士、医生、教师、音乐家进行献身活动的故事。

誉的生活。如果觉得累他完全可以辞职，也可以利用自己的服务履历作为出人头地的垫脚石。但他没有选择这条路，没有选择这样的生活，而是选择了与那些贫苦的人们相处，与他们一起生活，并且坚守这个信念从未动摇。

所以，大隐有时也是一种牺牲和奉献。真正的大隐并非与外面的世界保持距离，并非与应该享有的舒适生活保持距离，并把自己置于孤单的世界里。真正的大隐是在困顿的世界中创造完全不同维度的生活，并不以越过不幸走向安逸为目标。相反，大隐是拥抱不幸，是体味和省察生活，它具有更高和更深层次的意义。

每当心力交瘁、疲惫不堪的时候，我们的视野就会变窄，无法环顾周围，只能看到自己，以自我为中心。然而，越是专注于自己，就越会觉得自己是这世界上最不幸的人，觉得自己活得最痛苦。越是有这种想法，越要把视线转向周围，用更宽广的视野看待世界。因为周围有许许多多像我们一样艰难生活的人，也会有比我们更绝望的人在哭泣。所以，当我去提供帮助而不是回避他们的时候，我反而可以更淡然地看待自己的痛苦，更坦然地面对我的生活。而且，这种深沉的心境成了我即使绝望也不会动摇的坚实基础。

所以，在艰难困苦的生活中，我们既要享受小隐的悠闲，也要在中隐的努力中保持希望，同时，还要有一颗深沉的心去实践大隐对于生活的反思。只有这样，我们才能悠然漫步于起伏不定的人生路上。

规避不幸的智慧

第一章　独自蜷缩的时光

最近，就连那些认为靠汗水赚来的钱才最有价值的人们，也热衷于房地产和股票理财。这主要是因为我们处在一个特殊的年代，在这个年代里，仅凭我们目前的收入没法负担起老去后的生活。如何应对老去时生病无法自理这一即将到来的不幸，不知不觉间已成为所有人都要努力解决的人生课题。

我也曾因为对不确定的未来感到不安而认真考虑过投资股票。那时，综合股值正在 1000 到 2000 韩元之间疯狂上涨。我关注的公司是斗山重工①。那个时候，韩国正在掀起一股核能和替代能源的热潮，斗山也试图从消费品产业向重工业转型。虽然我对经济没有太多的关心，但也想在为时已晚之前进行投资。

---

① 斗山重工，韩国企业。

但是在下定决心投资的那天,我偶然看到了书房里《周易》这本书。随机打开一页,上面讲的就是关于隐遁的内容。概括起来就是说,不要随便进退,每一步都应该深思熟虑,时刻关注事态发展,这样才能"元亨利贞①"。

我忽然觉得意外:"为什么偏偏在今天读到这些内容呢?"

我犹豫了一下,决定抓住降临在我身上的偶然,不让它毫无意义地溜走。我想今天读到这些内容肯定是有原因的。于是我推迟了投资,并且在那一天仔细思考了我当时的想法,为什么我要购买这家公司的股票?理由很简单,并不是因为我对重工业有多么了解,也不是因为有设计好的理想蓝图,仅仅是因为我单纯地受到了周边氛围的影响。在浏览了几次关于股票美好前景的报道,看到了股价在短短几天内持续上涨的态势后,就草率做出了判断。

---

① 元亨利贞,出自《易经》,是乾卦之四德。往往被解释为:"元,始也;亨,通也;利,和也;贞,正也。言此卦之德,有纯阳之性,自然能以阳气始生万物,而得元始、亨通,能使物性和谐,各有其利,又能使物坚固贞正得终。"

第一章 独自蜷缩的时光

在犹豫是否要投资的时候，我再次拿出《周易》，反复阅读了关于隐遁的内容。在那段时间里，我慢慢回顾着自己的心路历程，也意识到了自己的轻率之举。以前在购买一套衣服时，我都会连续几天仔细察看面料、售后和用后反馈情况，但在投资上，需要投入巨额资金时，自己的做法却过于偷懒，这令我羞愧不已。

从那天之后，我推迟了投资，开始学习经济。与此同时，我对核电产业和替代能源产业的知识和展望也有了更深的了解。就这样过了几个月，意料之外的大事件发生了。日本遭受地震和海啸的影响，福岛核反应堆受损，放射能泄漏。受此影响，全世界掀起了反对建设核电站的运动，欧洲发达国家也开始把关闭核电站和开发替代能源作为国家政策。

当然，以建设核电站为主力的斗山重工也遭受了严重的损失。在此后的一年时间里，斗山重工的股票从每股7万韩元不断下跌至一半的股价，而现如今的股价大概在1万韩元左右徘徊。如果我在不了解的情况下进行投资，肯定也会蒙受巨大损失。幸运的是，我当时选择了观望，才避免了这预料不到的厄运。

当听到周围人说通过理财赚了大钱时，我们很容易产生自卑感，心情变得急躁。但越是这样，越不能被欲望牵着鼻子走，盲目投资。相反，在这种时候，我们应该后退一步，观望其发展态势，给自己留出一些时间。只有这样，我们才能以更广阔的视野观察世界的发展趋势，从容不迫地进行有价值的投资。

我们不是神，所以无法知道自身处在哪一个人生阶段。我们所知道的，只有春、夏、秋、冬四季。在天气变热之前修理空调，在天气变冷之前检查锅炉，这也许就是我们为迎接四季做出的全部准备。但这样的季节循环是怎样影响我们生活的呢？一个未知事件，一个与陌生人的某种关系等，一定正从远方赶来，试图影响我们的生活。

面对未知的未来，我们所能做的就是不随意行动，每当感到危险时，就选择暂时的隐遁来保护自己。在这段时间里，我们应该拿出时间进行练习和训练，弥补自身不足。这样一来，我们就可以以更加智慧的姿态平安规避即将到来的不幸。

第二章

让日常生活变得像
呼吸一样轻松

打开属于自己的10分钟开关,

活成喜欢的样子

第二章　让日常生活变得像呼吸一样轻松

这是发生在 4 年前平安夜的一个故事。为了庆祝圣诞节,我们一家人来到了大型购物中心。在一起看完电影后,我们挑选了送给孩子们的礼物,然后去饭店吃晚饭。点完菜环顾四周,我看到了坐在对面吃饭的妈妈和孩子。

看到母女二人,让我想起了昨天找我咨询过的一位未婚妈妈,此刻的她是不是也正和孩子两个人孤独地生活着?自从对这位未婚妈妈心理咨询过后,我只要看到只有妈妈带着孩子的场景,心情就会莫名地低落,觉得他们很可怜。所以那天我的心情忽然之间有些沮丧,和孩子们玩得也并不开心。

那是一段由于我过于投入角色导致余韵始终挥之不去的日子。连续多日,我每次心理治疗咨询都要持续进行 4 个小时以上。对我来说,这段日子是抚慰受伤的心灵,并给予别人真诚安慰的温暖时光。但有的时候，我听过她们的故事就想立刻忘记，因为事情的原委实在太让人心痛。生活安逸的我，听着故事，有时候会心生惭愧而抬不起头来，因为我不知道到底为什么会发生那样的事，她们又是如何忍受那种痛苦的！

那种日子里，我在心理咨询过程中说过的话、听到的故事，以及当时的感情和表情都会让自己的心情忽然间变得沉重起来。而且，如果此时我毫无准备地回家，一定也会出问题。因为，停留在我身心上的悲伤和郁闷的情感会原封不动地传递到家人身上。在这种情况下，最先受到伤害的就是孩子们。他们莫名其妙地看到心情低落的父亲，不得不依据我的眼色行事。为了安慰妻子我也要花费不少心思。总之，平安夜那天晚上，家里充满了我招致而来的悲伤，一片阴郁。

当然，家人之间共享彼此的痛苦，互相安慰非常必要，但问题是这样的事情经常发生。把普通的家庭氛围一次次浸染成我带来的沉重气氛，这让我对家人感到非常抱歉。

第二章　让日常生活变得像呼吸一样轻松

☾

在过了一个悲伤的圣诞节后，我想我应该利用一段时间来摆脱过度投入带给自己的影响，以防再发生类似的事。就像工作结束后脱掉工作服一样，在回家之前我们也需要有换衣服的时间。就像电影《超人》的主人公克拉克·肯特走进公共电话亭便会从报社记者变成超人一样，我想我也需要转换角色的时间和空间。

我找到的角色转换的空间是汽车。在结束咨询回到家时，我会把车停在室外停车场，而不是地下车库，然后关掉汽车引擎，在车内停留 10 分钟左右。停车后我做的第一件事就是播放自己喜欢的音乐。我经常听的音乐是陶笛演奏曲《大黄河》。在音乐响起的时候，我会把驾驶座向后放平，以最舒服的姿势躺下。

坐在驾驶座上不再是为了开车，而是为了休息，这给了我一种温馨感。置身于这种舒适感中，感受着轰隆隆的发动机低颤的震动；在天气寒冷的日子里，有时还会和爬到还残留着引擎余温的引擎盖上来取暖的猫对视；下雨时，闭上眼睛听着雨点落在汽车上的声音……在那种舒适的环境中，仿佛背诵祷文般地轻声低语，而声音只有我的耳朵可以听到。

"今天一天，能够平安地度过，非常感谢。从现在开始，我将作为丈夫和父亲的角色回到家里，与家人共度美好时光。"

然后像关掉汽车引擎一样，想象着把过热的头脑关掉，抱着"把一切都放在这里""好好将一切都交托出去"的心态度过放松的时间，在车里待上 10 分钟左右，然后回家。

事实上，这看似微不足道的小小举动，能使心灵产生明显的变化，疲惫的身体也会产生新的欲望。尽管心里满是疲惫，但我还是会恪守作为父亲和丈夫的职责，想要再做些什么。

这样新的意志越充实，之前的感觉就会越模糊。不，应该说是：明明心里存在着之前的情感，但你可以像看见在门前挂着"停止营业"牌子的商店一样，就这么走过去。实际上，我在汽车里度过 10 分钟后，向家人传达悲伤的情况明显减少了很多。

诸如此类,在转换情感时,最重要的一点就是要在角色转换的空间里有意识地设置"连接工作和家庭这两个领域的桥梁"。过了这座桥,"我就会变得和刚才不一样",这种意识越深刻,角色转换的空间就越能激发你所希望的力量和意志。

给平静的生活带来积极变化,始于我创造的习惯。

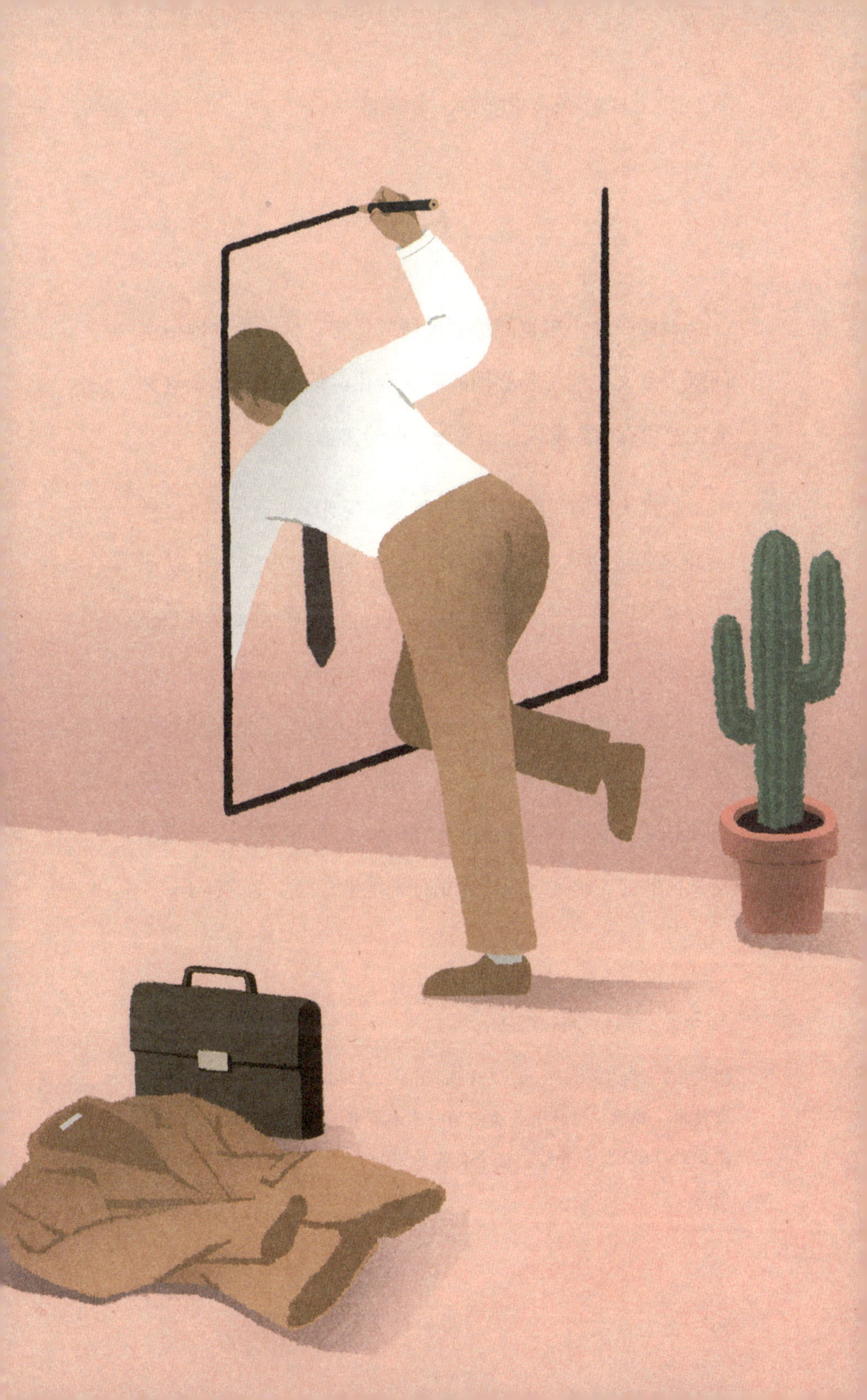

第二章 让日常生活变得像呼吸一样轻松

就像一件小事也能给心灵造成伤害一样，单纯地给空间赋予意义也能引起心理的明显变化。但如果你怀疑这种变化是否真的会发生，请关注下面的实验。

哈佛大学商学院的社会心理学家艾米·卡迪[①]在TED[②]一期名为《肢体语言塑造你自己》的演讲中介绍了以下研究结果。研究内容主要介绍了选择"高能量姿势（high power poses）"和"低能量姿势（low power poses）"时出现的各种身体变化。这里所说的高能量姿势是指把腿伸到桌子上，十指在头后面交叉，靠在椅子上，或是双手叉腰挺直地站着，怒视对方的姿势。相反，低能量姿势是指双手交叉在胸前、俯视地面或无精打采地坐在椅子上的样子。

---

① 艾米·卡迪，Amy Cuddy。

② TED（指 Technology, Entertainment, Design 在英语中的缩写，即技术、娱乐、设计）是美国的一家私有非营利机构，该机构以它组织的 TED 大会著称，这个会议的宗旨是"传播一切值得传播的创意"。

根据该研究结果显示,当实验对象摆出高能量姿势时,代表自信和攻击性的睾酮激素比平时增加20%,代表压力的一种类固醇激素——皮质醇减少15%。与此相反,低能量姿势可以减少10%的睾酮,增加15%的皮质醇。

摆出高能量姿势的人们在激素作用下,参与赌博的比例高达86%,而与之相反的低能量姿势人群赌博参与率仅为60%。也就是说,我们所采取的姿势和态度,即身体语言和想法,会让我们的身体发生相应的变化,从而改变身心行为。

这种现象在以表演为业的演员中尤为常见。演员崔岷植曾在2010年上映的金知云导演的电影《看见恶魔》中饰演连环杀人魔。他在回忆拍摄过程时,说过这样的话:"有一次我和平常关系很好的邻居一起坐电梯,邻居亲切地和我打招呼,不过用的是平语。如果在平时,我应该会笑着回应,但那天我心里却在想,'这小子为什么对我不说敬语?竟然用平语?'"[1]

---

[1] 韩语中有平语、敬语之分。平语多用于同龄人、年龄较小者、朋友。敬语多用于长辈、上司、初次见面的人。

他回想当时的情景时，说："我感到了一种令自己都吃惊的凶狠和攻击性。"虽然他是为了演电影而扮演连环杀人犯，必须模仿杀人犯的身体语言和思想，但他在拍摄现场之外，也差点把自己当成了连环杀人犯。

对我来说，在工作和家庭之间起到桥梁作用的 10 分钟时间，也可以用这样的因果关系来解释：为了实现自我角色转换，我索性利用自己汽车内狭小的空间来让自己转变，在车里，我一边放平座椅靠背，听着舒缓的音乐，一边不断地对自己进行心理暗示，来让自己尽快摆脱工作中的角色，变成生活中的样子。这种下意识的设定、反复的心理暗示，以及赋予自己的肢体语言，它们汇集在一起最终成了改变我身体和心灵的充分动力。

用习惯改变日常生活

第二章　让日常生活变得像呼吸一样轻松

🌙

要想使肢体语言拥有更强大的力量，还有一点我们需要知道：只有当特定的身体语言和想法持续反复时，才能产生更大的协同效应。饰演连环杀人犯的演员崔岷植之所以未能成为现实中的连环杀人犯，是因为这个角色只限制在了拍摄中。如果他长期反复扮演那个角色，我想他可能会经历更严重的心理矛盾。

有时候重复一件事会引起特别的情绪反应。比如每次吃饭前背诵祷文，就能产生虔诚的心境；再如每天早晨上班路上望着汉江就会让人内心感到温暖。这种引起情绪反应的日常行为称为"习惯"。

这里的习惯并非指毫无意义的重复，而是指为引起某种特别的情绪反应进行的反复行为。有时为了诱发某种特定情绪，我们有必要去创造某种习惯来改变日常生活。

《我的名字叫红》的作者奥尔罕·帕慕克曾获诺贝尔文学奖，他用亲身经历告诉了我们，如何通过习惯改变日常生活。帕慕克认为，要想写作，就必须与家分离，有自己的工作室。然而，在现实生活中不可能随时都有这样的空间。当他和夫人一起暂住在美国时，由于条件不允许，他只能在家里写作。然而在家里，他却怎么也集中不了注意力。

于是他想到一个方法，就是在写文章时把家想象成工作室，并且反复给自己灌输这种想法使之成为特定的习惯。为此，他早晨起来，就像离开家去工作室一样，和夫人打招呼出门，在房子周围散步，然后回到家里，如同到了工作室一般。他说自己每天早上都这样做，在渐渐习惯之后，他就可以在"这里是我的工作室"的自我催眠中继续工作。最终，他在家里也可以集中精神写作。

在房子周围散步的习惯，让他从原来在家的自然人帕慕克变成了作家帕慕克。这也是他转变角色的时间。如果没有创造这种特定习惯，而是偶尔一次这样，或时不时改成去公园散步，我想，不管他如何下定决心，家里也不会"变成"工作室。像这样，当角色转换成为特定习惯时，才能产生更加明显的效果。

我把角色转换、养成习惯、利用较短的时间，以及空间和时间的复合运用，统称为"10分钟的隐遁"。之所以使用隐遁一词来形容是因为这个时间是只对我有意义的"隐秘时间"。"10分钟的隐遁"向我们这些同时扮演各种角色的人给出了鲜明的提示：这段时间里你扮演什么角色，应该做什么，而在那里又该如何。度过了这段时间，你便会变得与以往不同，将以不同的新角色重生。

"10分钟的隐遁"的关键不在于10分钟的时间长短，而在于将这"10分钟"反复地融入日常生活。偶尔进行一次"10分钟的隐遁"，很难期待它达到转换心情的效果。就像每天坚持10分钟的运动，肌肉才能强健一样，只有将

"10分钟"反复持续下去,才能产生控制日常生活的强大"隐遁力"。

在擅长领域取得一定成就,同时建立了殷实家庭的人中,有很多人都本能地利用了"10分钟的隐遁"。有时,有效地发挥了"10分钟的隐遁"的作用,也就意味着很好地应对了角色发生变化的每个瞬间。毕竟没有人会像变魔法一样,瞬间转换自己的角色。

很多人都善于运用习惯的力量,培养优秀的"隐遁力"。《白鲸》的作者,美国小说家赫尔曼·梅尔维尔就是一例。对他来说,转变角色的"10分钟的隐遁"的场所是他家门口的一个棚子。早上起床后,他会最先走进棚子,一边给刚睡醒的动物喂食,一边同它们打招呼。在这之后,他会去二楼的书房,在那里写小说,然后度过整个下午的时光。

梅尔维尔结束工作走出书房时,也会经历一个特别的过程。他让家中的某个人在特定时间敲书房的门,不停地敲,直到他开门为止。正常情况下埋头写作的人如果听到敲门声就会停下来站起身去开门。像这样,打破集中的注意力,打开门的过程就是停止写作的信号。他把敲门声变成了"学校下课的铃声"。

在他设定棚子为写作开始,敲门为写作结束的隐遁中,被称为美国历史上最受欢迎的小说之一的《白鲸》终于完成了。

如果梅尔维尔是饲养家畜的农夫,那么他早上去棚子就是一项日常工作,没有什么特别之处。但梅尔维尔不是农夫,他每天早晨去棚子的理由也不是为了饲养和照顾动物。对他而言,每天早晨反复进行的这一行为,是一场唤醒角色的特别仪式,是让沉睡一夜身为作家的自己苏醒的仪式。

虽然我不知道梅尔维尔为何会给棚子和敲门声赋予特殊的意义。也许他偶然体会到了这么做才能写好文章?或是他通过观察动物才获得了鲸鱼故事的灵感?但可以肯定的是,对他来说,棚子是从悠闲度日的梅尔维尔转变为作家梅尔维尔的变身空间,敲门声则是他从作家角色重新回到日常生活的信号。

梅尔维尔的行为并非单纯意义上的习惯,而是具有角色转换意义的习惯。大多情况下，创作者的习惯都是独特的，而且是在私密空间中创造出来的。因为在公共空间中很难唤起创作的情绪。因此，很多创作者都像梅尔维尔一样，在专属的空间内扮演着被自己设定的角色，遵循着各自的创作习惯。

事实上，为了转换角色，我们没有必要一定把时间固定为10分钟，我建议时间至少要有10分钟，最长不超过30分钟。因为时间过长，反而会让你孤立在自己创造的时间和空间里。在车里故意拖延半个小时以上，那只是不想回家而已，不能看作是为了家庭生活而改变自己所需要的隐遁时间。

当然，在车内短暂的时间里，复杂的记忆和感情并没有被完全清除。我们做的，只是下意识地把自己所在的这个地方设定为连接工作和生活的桥梁。那么，在走过这座桥的过程中心态就会改变，随之而来就会出现应该要达到的目标。

第二章　让日常生活变得像呼吸一样轻松

我们在日常生活中扮演着各种角色。在外面，我们是公司职员或企业家，回到家就会成为父亲、母亲，抑或儿子、女儿。但仔细想想，如果每当我们的角色发生变化，但没有适当缓冲时间的话，很多时候，我们投入其他角色中时，就会变得很盲目。就像在没有做过任何准备活动的情况下跳进冰冷溪水里的孩子一样。因此，角色冲突的情况经常发生：回到工作岗位时，对待下属像对待自己的伴侣；回到家又像督促业绩的上司一样，不自觉地威吓孩子。

在这种情况下，你就应该通过"10分钟的隐遁"转换角色，创造改变自我的时间和空间。那个空间在汽车里也好，在短暂的散步中也好，在咖啡屋或便利店也好，它们都可以是很好的隐遁空间。

隐遁的空间，没有必要是与所有人都分离的寂寞之所。只要能够摆脱周围的视线，将精力全部集中于自己，只要满足这些就可以。在面包店挑选面包或饼干的时间、进入棒球练习场打球的时间，都可以活用作为转换意识的信号。

无论以何种方式，只要赋予这段时间"从工作到生活，从这个角色到另一个角色"转换的意义即可。

就像宫崎骏导演的动画片《千与千寻》中，穿过隧道就会出现一个被禁止的神的世界一样，"10分钟的隐遁"也会引导我们扮演另一个我们应该扮演的角色。如果有像隧道一样可以短暂独处的时空，我们就没有必要在进入另一个世界的入口前徘徊。

寻找第二个舞台

第二章　让日常生活变得像呼吸一样轻松

☾

有时，隐遁的空间存在于我们完全想象不到的地方。在忙碌的生活中，我们经常会养成重复日常模式的习惯，从未进行过新的尝试。特别是那些专注于自己的人，他们越专注于自己的事情并努力工作，就越找不到意外之处的隐遁空间。

偶尔和我一起喝茶、接受咨询的智恩也是如此。智恩是一名影视编剧，在一家专门为孩子制作综艺和游戏节目的娱乐公司里工作。她工作的主要内容是为每个编排的节目想新点子，并编写故事。如果只负责一个节目，她的精力还绰绰有余，但由于公司规模小，她一个人要写多个节目的剧本，甚至有时都没有休息的时间。但她实现了幼时成为编剧的梦想，乐在其中并没有一句怨言，继续不分昼夜地燃烧着自己的热情。

她每天都要机械性地写出一定分量的剧本，在这种紧凑的日程安排下所写出的剧本，远远不能达到她想要的水准。随着时间的流逝，她感觉自己的热情在渐渐枯竭，渐渐消失。她用吃东西来缓解这种工作压力。辣到让人掉眼泪的辣炒年糕、酥脆的炸鸡等油炸食品以及含有糖浆的甜味饮料都是她经常吃的减压食物。由于长时间把刺激性食物当作主食，30多岁后，她的体重急剧增加，而且还经常出现偏头痛等症状。

周围的人都劝她调节饮食，多做运动，但她却无法放弃吃东西这唯一的乐趣。做从未做过的运动她也觉得很尴尬，而且对此没有自信。为了上附近的瑜伽学院和普拉提学院，她花了很多钱报名，但一看到年轻又苗条的学员，她就胆怯了。上了几次课之后，她觉得应该先锻炼身体，再去上课才不丢人，一来二去索性就放弃了继续的念头。

和智恩喝茶咨询时，我建议她不要把运动或调节饮食当成减肥的手段，不妨把它们当作缓解压力排解心绪的解压出口。她说："我一次都没有好好运动过，那不妨尝试一下，认真运动后会给我带来什么变化。"她觉得，作为一名编剧,这很有可能为她写出有真情实感的剧本积累经验。

☾

　　就像不喜欢打扫的人,在贵客到来时也会打扫卫生;不注重外表的人,在重要会议之前也会照几次镜子一样。平时根本不关心,也不喜欢做的事情,只要有了具体明确的理由,我们的身体就会对此不再那么抗拒。不喜欢运动的智恩需要的也正是这种具体的理由和目标。

　　当智恩对运动犹豫不决时,我向她讲述了小说《丧失的时代》的作者村上春树的故事。村上春树每年都参加全程马拉松比赛,是一位热爱马拉松的作家。他喜欢跑步,并以此为主题写了一本书,后来他还称自己要在墓碑上刻上"他至少是跑到了最后"这句话,可见他对马拉松的热爱程度。

　　他喜欢马拉松并不单纯是为了保持健康。参加马拉松比赛,会遇到很多极限情况,村上春树喜欢在气喘吁吁、心脏快要爆炸的高潮中和另一个不违反跑步规则,且"约定"

跑完全程的自己相遇。他说，"与自己的相遇"给他写作带来了很多帮助，会让自己在写作时严格遵守自己制定的规则，坚持完成每天的目标写作量。

为了参加马拉松，在进行跑步训练的过程中，他说自己感受到了从未有过的放松感，一种只在马拉松中才能享受到的感觉。跑步本身就是一种按照自身速度进行的运动，在这段时间里他可以不用在意其他人。奔跑时，即使不是村上春树也没关系。也没有必要像写作一样需要让作者自己满意。这种自由感意味着从作家日常生活的间接体验到业余马拉松选手的另一种人生的"舞台的移动"。

对村上春树来说，马拉松就是他的第二个舞台，是不用暴露本我的"隐遁空间"。他说，每当站在马拉松这个舞台上时，他可以更加冷静地看待作为小说家的自己，客观地了解自己现在的状态，以及他正在写的文章。

他在《当我谈跑步时我谈些什么》一书中这样说道："我每天早上去路上跑步，学到了很多写小说时需要的东西。自然的、生理的和实际的。"

第二章　让日常生活变得像呼吸一样轻松

和我咨询过后不久,我就听说了智恩参加马拉松的消息。她说,读完村上春树的文章后也想参加马拉松比赛。她希望自己可以像他一样,站在马拉松这第二个舞台上,看到"现在的自己"。

后来,她加入了联谊会,每周末都参加马拉松练习并且也有了目标——每年参加一次半程马拉松比赛。通过马拉松,她不仅获得了跑完全程的成就感,还对自己的身体重拾信心。

运动中越发熟练的长跑呼吸法、运动鞋、跑步服、饮食管理,以及跑步时看到的陌生风景,这些都给了她新鲜的刺激和创作的素材。奔跑时走过的所有道路都成了她自我休息的空间。

我想如果她最初只是为了健康而跑步,可能会在运动初期便因膝盖疼痛而放弃,如果以兴趣或社交为目的,当社团中有人表现出不悦时,也可能导致她寻找其他的兴趣。好在她的目的是寻找心灵的出口,从这个意义上来说,马拉松就是她释放日常压力的绝佳选择。

当然,我们工作中产生的负面情绪也需要出口。找到出口我们才能抛弃伤痛,不把它长久保留心中,得以轻松生活。心理负担越轻,生活就越幸福。然而在社会中,我们总是被迫为集体而活,个人感受被当作灰尘一样无视。

但隐遁可以帮助我们摆脱这种不公平的待遇,为我们提供"第二舞台的时间"。那个时间做什么并不重要。只要站在上面能看见被忽略的自己,抚摸自己,给予自己一个温暖的拥抱就可以了。

当寸步难行之时

第二章　让日常生活变得像呼吸一样轻松

有时候人们会有种感觉，无论自己怎么努力，都无法向前迈进一步。虽然竭尽全力奔跑，但依旧有一种像松鼠转圈圈般在原地打转的感觉，这种焦急感是使生活变得急躁的原因。我也有陷入那种焦躁的时候。

在进行心理治疗咨询的时候，我对咨询者想说一些有帮助的话，也想加深共鸣，真心地安慰对方，但常常很难如愿。

人们一般不会只在一个地方接受咨询。就像身患重病的人四处寻找名医一样，心灵生病的人也会四处奔波寻找，从精神科到咨询中心，从宗教再到其他地方。因为有很多这样的"咨询游牧民"，所以我偶尔会像接受宣战一样，事先收到"如果你想说的内容和其他咨询师一样的话，我就不接受咨询"的邮件。阅读到这样的邮件，我的心情会瞬间变得很失落，也会因不能说更多的话而陷入空虚的失意之中。

这种无能为力感让人心情烦躁。引发的焦虑也会使你的眼界缩小，思想变得狭隘。长此以往，会导致你经常失误，反复失误又会让你对喜欢的事情感到无力，形成恶性循环。

为了打破恶性循环，人们选择的普遍方法就是学习。为了弥补实力不足，他们边读书，边听专业讲师讲课，试图摆脱单调的思维。但是，很少有人付出努力就能取得成果。因为越是焦躁不安，接受新信息的敏感度就越低。大多数人认为，如果学习在一定范围内能够被理解并产生共鸣，那学习的内容就是好的，否则内容就一定是荒唐的。

实际上，这便是人在学习中最容易掉入的陷阱。我们对待问题的态度通常是不求甚解，或者说，只寻求些简单问题，忽视困难问题。这种一边倒的学习方式反而成了堵在学习之路面前的一堵厚墙。我把那堵坚硬的墙叫作"熟悉感"。

"熟悉感"会使我们的视野变窄，让我们的意识更加

第二章 让日常生活变得像呼吸一样轻松

偏激和片面。通常我们容易被亲近的人背叛也是因为这个原因。细细想来，那些原本应该要小心提防的事情，一旦被熟悉的习惯所吸引，就会变得松懈。原本熟悉的东西只会越来越熟悉，而那些陌生的、新鲜的事物，对我们也会越来越陌生。最终，这样的学习方式会让我们对生活失去热情和希望，陷入无法摆脱的恶性循环。

☾

我们该怎么做才能摆脱这种恶性循环呢？最好的方法是学习陌生的事物。学习陌生的事物这一过程可以比喻成一场旅行。我们享受旅行的理由之一是在旅行之路上，我们可以接收和见识很多新鲜事物。但为什么在旅行中，我们会热衷且不排斥经历那些陌生的事物呢？因为在旅行的过程中，我们都进行了自我设定：我们的身份是"来体验异国风情的游客"。如果不是为了旅行，而是以分析外国文化或视察为目的，那么我们就会按照自我的标准来评价和判断陌生事物。

学习陌生事物时也需要有这种旅行者的心态。如果不是准备入学考试或考各种各样的证书，我们基本上是不会去主动接触新的知识和观点的，那么我们的视野和格局就总是局限在原本的层面上，所谓的成长根本无从谈起。因此，如果在自己深入的专业以及领域的学习上经历了局限并感到焦虑，那么观察并尝试那些未曾涉猎过的领域，反而会给我们灵感，帮助我们找到新的突破口。

第二章　让日常生活变得像呼吸一样轻松

学习也需要有旅行者的心态。

我们之所以热衷于旅行，

是因为它让我们体验到了许多陌生的风景。

想要看见森林,

就要跳出森林

第二章　让日常生活变得像呼吸一样轻松

去年夏天，一位梦想成为浪漫小说家的朋友在征文比赛即将举行之际，向我展示了他的草稿并向我征求意见。读了之后我发现其中人物形象和剧情都很老套，因此思考着怎样才能在不伤害他自尊的前提下提点意见，我建议说："希望主人公具有立体且多样的性格。"

可能是我考虑不周，在听了我的建议后，他很不高兴。爱情剧的主人公一旦套用了格式化的公式，便很难做到与众不同。似乎他根本不想听我的建议，也不想听超出自己所知的内容。事实上，虽然表面是在征求意见，但他的内心似乎更想得到"这样很好"的认可。看他的反应，我想也许他能顺利通过征文比赛，但要成为一个好作家却还有很长的路要走。因为，他已经习惯了熟悉的东西，似乎没时间去接受陌生的事物。

熟悉和陌生的相遇犹如寒暖流交汇，可以打造出创造灵感的黄金渔场。但对他而言，没有那样的渔场。不能得到新灵感的作家绝不会是好作家。因此，很多艺术家会特意去寻找陌生的事物，努力打造属于自己的黄金渔场。最常见的例子就是改变体裁。例如，写诗的人去写随笔，弹钢琴的人去指挥。虽然文学、音乐、美术的大体框架一致，但不同的体裁有着不同的形式和呈现，而且使用了完全不同的技法。如果用写诗的方式写随笔，就会写出四不像的文章。因此，要想改变体裁，就要重新学习。

改变体裁并非易事，需要把自己长久以来掌握的节奏抛之脑后，重新掌握新的节奏。虽然有的人经过刻苦努力，成功做到了体裁的转换，但这仅仅是少数，大部分人还是在两个体裁之间徘徊。只有当不同的感觉恰如其分地融会贯通时，才会产生不同于之前的新鲜产物。

我也有过那样的经验。当时想学诗，成为一名诗人，但似乎我没有那样的才能，结果与付出的努力不成正比。从高中时期开始我就参加了无数次有关诗歌方面的征文比赛，但是一次都没有入选。虽然每次落选后，我都会阅读有关诗歌写法或著名诗人的书，进而重新整理自己落选的诗歌。但现在回想起来，当时的我并没有尝试去寻找新的体裁，而是被束缚在了征文比赛的框架内，只在思考怎样才能进入文坛。所以越写诗就越郁闷，自然也写不出好诗。

后来上大学辅修了古典文学，给我带来了很大转变。那时，古典文学只是我为了修满学分而选的一门课，但越听越让我着迷，深陷其中不能自拔。品味古典文学有一种把玩文物的感觉，品味岁月和原始的智慧，有着难以估量的深度。了解了它的魅力之后，我一有空就读古典文学。《四书三经》《老子》《庄子》《列子》《淮南子》《古文真宝》《滴天髓》《三国遗事》《文人画》等，我都逐一细读过。

随着对古典文学的沉迷，在不自觉之间，我的诗竟奇迹般地出现了新的内容和写法。这曾是以前读好多本有关诗歌写法的相关书籍都找不到的东西，在学习了古典文学后，一切竟都迎刃而解了。

那时我阅读了李泽厚①的《华夏美学》，该书主要论述了儒家思想的传统美学。书中有一章节论述了"美在深情"，说的是情深得以见美。的确如此，我的诗中没有深情。相比于温馨这些有温度的字眼，我的诗中充满了批判、绝望等词汇，所以毫无美感可言。这样看来，我也未曾想过诗也应该饱含那种发自深情的美。

从那以后，每每写文章我都会提醒自己"美在深情"。在古典文学中看到的诗的世界，确实与埋没在诗海里时，给了我不同的感觉和视角。然后我明白了——我必须走出森林，才能看清我所在的森林。就像身处森林深处看不到森林全貌一样，越是熟悉一个地方，就越不能客观地观察它的样子。

狂热于成为诗人，学习古典文学的那段时间，就是抛

---

① 李泽厚（1930—2021），中国湖南宁乡人，哲学家。

弃"熟悉感"接触"陌生"事物的隐遁时间。对我而言，古典文学是一个全新且陌生的世界，在那里我毫无知识和经验可谈。也可以说，那是一个没有偏见，也没有任何负担的画卷般的世界。

在像画卷一样的地方，我深陷在诗歌无穷的趣味和魅力之中，与它长久生活，爱憎纠缠。爱憎并不意味着是分手或抛弃，只是暂时性地保持距离而已。适当的距离让我更了解自己与"诗"之间存在的问题，以及解决之法。

狂迷写诗却不得要领时，古典文学为我提供了知识的隐遁之所。而且，也正是因为有这样的隐遁之所，我才能偶尔休息，不放弃写诗这条道路。虽然许多年后，我最终成了作家，既不是诗人也不是古典学者，但在我的文章中却清晰地留下了写诗时的些许痕迹。

从那以后，每当想要写文章有所突破的时候，我都会主动避开熟悉的体裁，转而学习陌生的体裁。最近为了在心理治疗咨询过程中打破局限，我开始接触了占星学（astrology），占星学是从古代天文学延续到现代的，一门有关行星与人类命运、人文思维的学问。

它是我在写有关命运的文章时了解的新领域,由于书中涉及很多晦涩难懂的内容,所以每周六我都往返于首尔和盆唐①之间去听课。虽然读了一些相关的书,但上课的时候还是会感到陌生。第一次听到的单词,生硬的符号,以及那些不背诵就无法理解的内容,还没等我捋顺思路就下课了。

在课堂上,我是个一无所知的人,时刻害怕被提问到一些自己根本不知道的问题。那感觉仿佛回到了久违的求学时代。

每周学习的有关行星和人类命运的故事,渐渐让我觉得,自己拼命生活的这个世界是如此的渺小而无趣。带着这样开阔的眼界,进行心理治疗咨询和写作,确实能够体验到不同于以往的心情和对语言的深刻理解。也就是说,通过陌生领域的学习,给了我一双穿透"熟悉感",观望另一个世界的慧眼。

---

① 盆唐,韩国地名,位于京畿道城南市的南部。

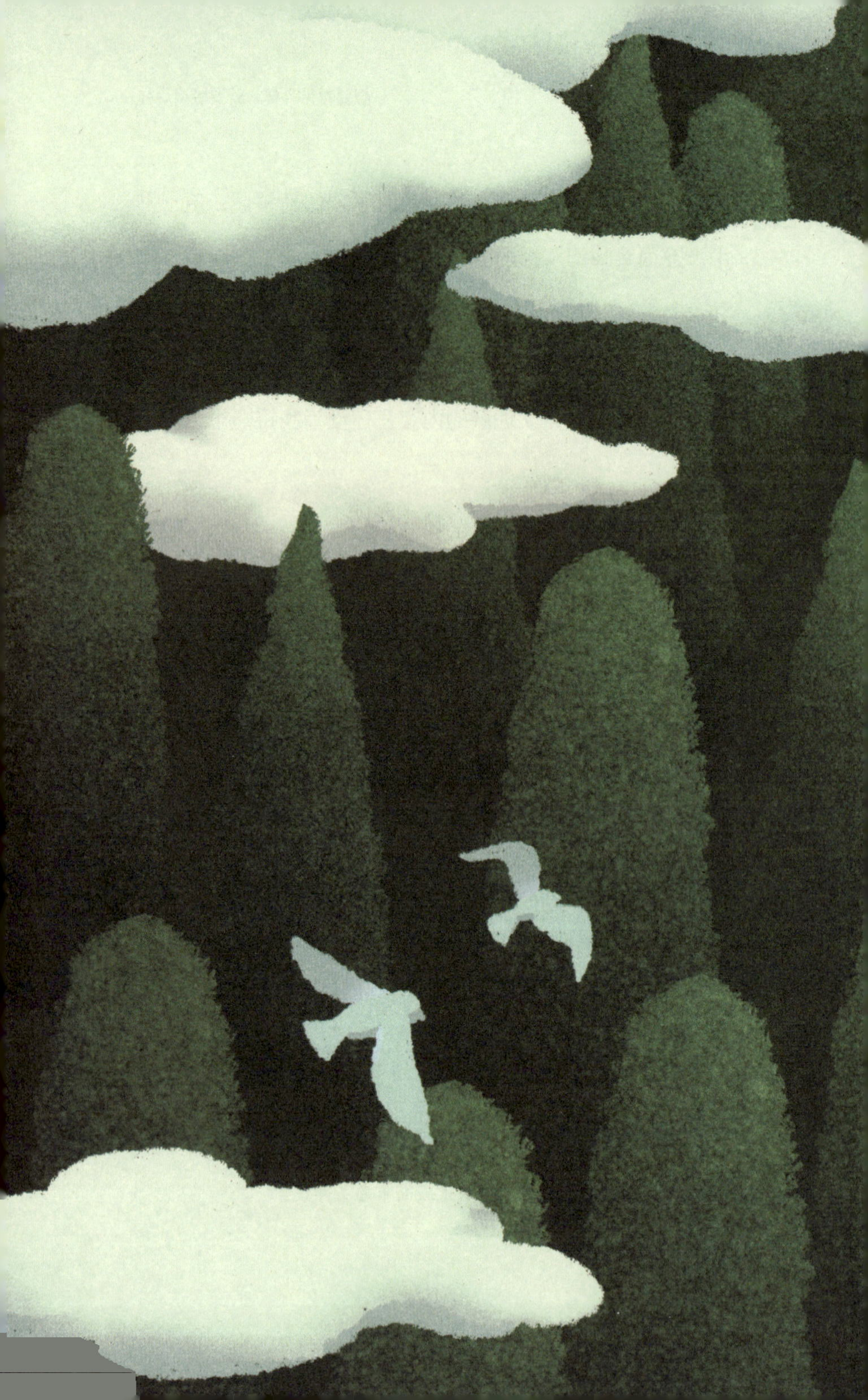

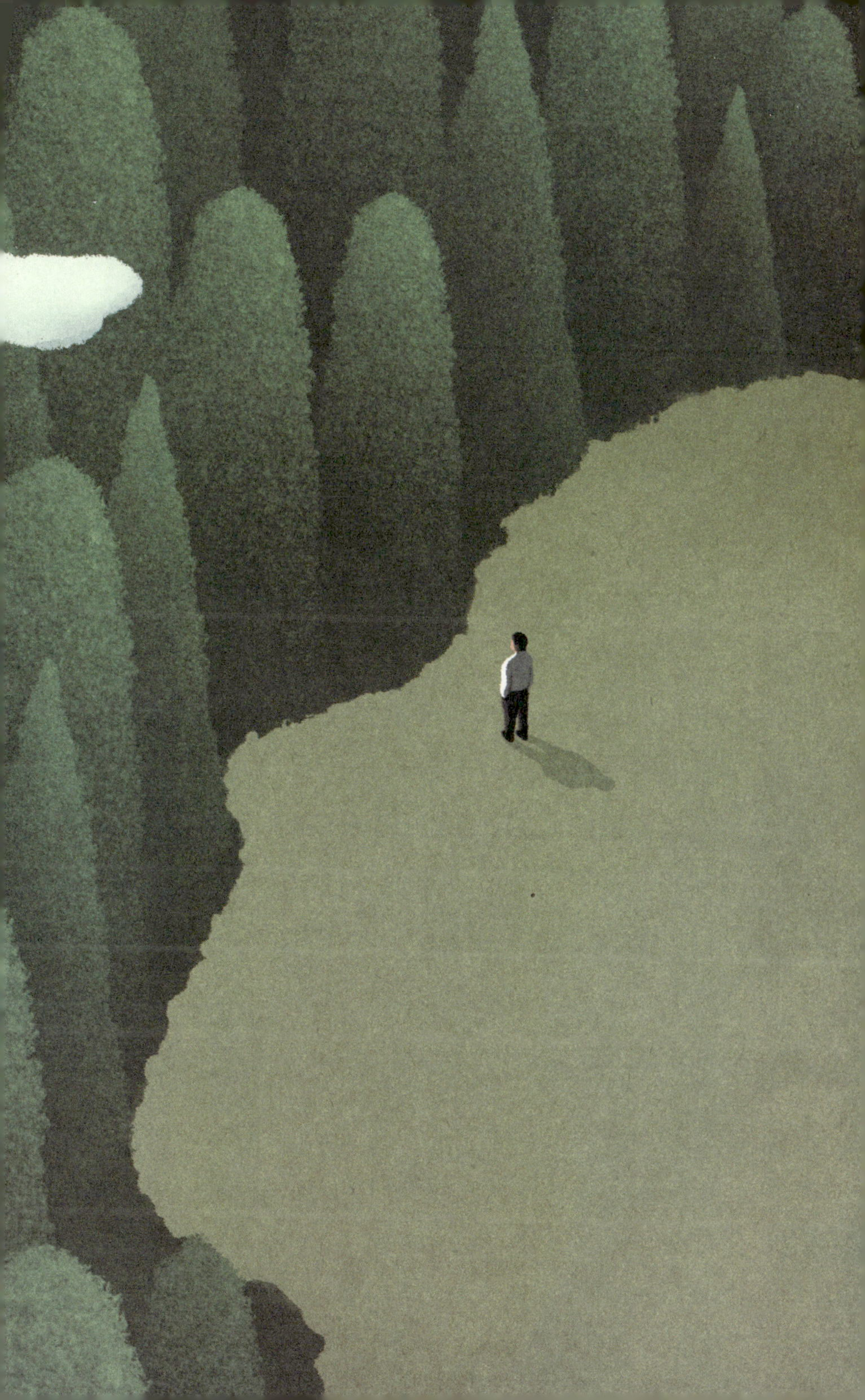

第二章　让日常生活变得像呼吸一样轻松

离开熟悉的环境去一个陌生的地方，是一件比想象中需要更大勇气和决心的事。而且，并不是说进入陌生的领域就会突然打开视野。相反，更多的人会在陌生的地方感到孤独，并急切地希望回到以前的熟悉之所。虽然我们知道尝试陌生事物的必要性，但总是本能地渴望着一成不变的安逸和舒适，比起陌生的环境，我们更希望和熟悉的事物待在一起。

尽管如此，我们还是要努力，鼓起勇气，直面并适应陌生事物，且要培养重新看待熟悉事物的能力。这样才能在所在领域积聚更强大的动力，培育与众不同的实力。

当你被能力不足所困扰时，
果断脱离熟悉的环境去尝试下陌生的东西吧！
相比于舒适的地方，
不便的陌生之所会滋养不同寻常的实力。

整理——抓住无序的能量

第二章　让日常生活变得像呼吸一样轻松

看得见的东西可以整理，看不见的东西也能整理吗？对很多人来说，整理是一件不得不做的麻烦事或义务性的家务劳动。但是，我们整理东西并不只是单纯的清扫，而是抓住无序的、凌乱的能量，从这个角度看，整理具有更深层次的意义。

除人类以外，任何生物都不能像人类一样完整地整理自己的空间。在昆虫王国中被称为"伟大建筑家"的蚂蚁和蜜蜂也无法实现超越储存食物、遇敌自保用途之外的、美学意义上的"空间整理"。唯有人类才有能力进行超越生存的、另一种意义上的整理。

自然的本性不是井然有序的，反而有些涣散无序。因此，如果我们暂时放任不管、顺其自然，我们生活的空间很快就会变得杂乱无章。而这样的自然法则同样适用于我们的心灵。

如果仔细观察日常生活你就会发现，生活空间的无序与心灵的无序具有相互关联性。两者就像"先有鸡还是先有蛋"的问题一样，不能区分先后顺序。当我们失去某些重要的人，如亲人、密友时，偶尔会出现"储存强迫症"的症状，例如将冰箱里的物品整理得井然有序这种近乎洁癖的行为，也可能会在人际关系上表现得偏激而不能容忍他人。

很多年前近藤麻理惠[①]创作了《怦然心动的人生整理魔法》一书，该书一经出版就成了世界级畅销书，引领了"麻理惠式的整理"新趋势。麻理惠标榜极端的极简主义式的整理，号召"扔掉一切无法让自己心动的物品"。她为那些不忍扔掉旧物，深陷痛苦的人们带去了毅然决然的勇气，提供了衡量"心动"的全新视角。

近藤麻理惠的整理法和《被讨厌的勇气》一书在阿德勒心理学理论上产生了交集。虽然经历了一个世纪的岁月，

---

① 近藤麻理惠，日本作者。

但奥地利精神病学家阿尔弗雷德·阿德勒留给我们的心理学知识依然受用，他强调"现在"，而不是"由过去的原因形成的现在"和"由现在的原因形成的未来"。也就是说，不要被过去所束缚，不要把现在的幸福抵押给未来，要活在当下。

即使没有人刻意引导，同时流行的《怦然心动的人生整理魔法》和《被讨厌的勇气》无论是在个人的日常生活中，还是在社会的整体趋势上，都很好地展现了时空和心灵是互相连接的这一事实。

这样的视角可以使人们将清理杂乱的家与凌乱的心灵联系起来，而非将不整理再视为单纯的懒惰。同时，让人产生这样的想法："如果说，我现在整理空间的方式与我的生活方式相联系，那么反过来，如果我改变整理空间的方式，我的生活也就可以被重新整理。"如果看得见的东西能整理，那么看不见的东西也可以整理。

提到"整理",人们最先想到的可能是将某一空间收拾得一尘不染,或者是丢掉那些无用的东西等。但对我而言,"整理"不是"收拾或丢弃"而是"营造空间秩序"。扔掉家里不必要的东西腾出空间使之利落是整理,而与之相反的,把东西自由奔放地按照我的想法摊放,恰恰就是我最满意的营造空间秩序的整理。

长期研究空间相关知识的我认为整理是"气韵的调和"。舒适的气韵,产生力量的气韵,以及创造灵感的气韵在空间和物品中自然融合,使彼此发光。对我来说,创造那种空间的秩序就是整理。所以,当我备感无力时,就会整理现在居住的空间。通过整理,让跌入谷底的心绪与空间产生共鸣,重新获得新的力量。整理是用来给心灵充电的,因此我认为整理也是一种隐遁的方法。

此时的隐遁不以脱离社会、自我独处为目的,而是旨在摆脱使自己疲惫的无序状态,恢复心灵的秩序。为了达到这个目的,我们必须要有一种意识——一种被赋予特殊含义的自我意识：整理空间不是单纯的清扫，而是在纷乱的内心世界里营造新的秩序。这样，整理才能发挥恢复心灵气韵的隐遁效果。

☾

写作的过程就是如此。我在写作时，会习惯性地把很多类似的想法毫无意义地堆积在脑海中，致使思路受阻，寸步难行。

这时我会选择去浴室排解自我。因为浴室里有净化身体、疏通堆积物的气韵。对我来说，没有比浴室更适合处理思绪堵塞的空间了，因此我把浴室也称作自己"灵感的产房"。

从表面看来，整理与清洗似乎没有区别。擦拭浴缸、马桶和镜子，用清洁泡沫清洗地板、墙壁，最后整理放沐浴用品的架子和毛巾收纳盒。在密闭的空间里一直清扫，身体很快会被汗水浸湿。

整理完，洗个澡。让滚烫的水柱拍打脖子和后脑，热水直击"哑门穴[①]"，冲一会儿，人就会感觉到情绪得到缓解，身体放松，感觉很好。根据韩医学的理论来讲，哑门穴是让哑巴可以开口说话的穴位，用水流冲击此处，可以使受阻的思绪变得顺畅。

有时，新的想法会如灵光乍现一般出现在脑海中。只要它一出现，我会在它消失之前拿出防水的智能手机将其记录下来。这样的过程有时会在洗澡中反复三四次。洗完澡的最后，擦去浴室里留下的水渍，为整理画个句号。

为了获得新想法脱光衣服、清洗自己、清洁周围这一系列的例行工作，如果没有所谓的"清洗"这个代称，我感觉它更似一种神圣的宗教仪式，就像是沐浴斋戒，穿着整齐的衣服，禁食祈祷，听神谕的古代祭礼一样。通过整理浴室，我的身心得到了净化，也获得了新的感悟。

当熟悉的浴室被我赋予了"能产生新想法的空间"的

[①] 哑门穴，属督脉，位于人体后颈窝，后发际正中直上0.5寸，第一颈椎下。

特殊意义时，它也真的成了这样的"隐遁空间"。在那里，只要为我所做之事赋予整顿秩序的意义，脑海中混乱的思绪就能产生共鸣。

☾

在浴室里整理思绪的方式，也是很多艺术家传统的隐遁形式。《悲惨世界》的作者雨果会在早晨 6 点到上午 11 点这段时间专注写作，而在 5 个小时的工作结束后，他会到楼顶的浴缸里洗澡，然后再去干别的事情。在周围的人看来，洗澡可能只是一种单纯的清洗身体的行为，但对他来说，或许洗澡有着另一番意义——为他疏通思路，整理思绪，是结束写作的收尾工作。

音乐家贝多芬也是如此。在完成晨间工作后，去散步前，他会近乎赤裸地站在洗脸池前，往手心里倒水，然后在房间内转悠，唱歌或嘴里哼些什么。每当想到什么时他就突然停下来，把想法记录下来，然后继续往手心里倒水，在房间里转来转去，反复之前的动作，直到地板和脚下都被水浸湿。乍一看，他行为怪异，但仔细想来他的这种行为，不也是一种通过水来整理思绪的方式吗？其实我们大可不必理会别人怎么想，无论何种行为，只要能帮助你捋顺想法，那它就是专属于你的整理方式。

第二章　让日常生活变得像呼吸一样轻松

所谓整理，

就是将无序的能量秩序化。

对看得见的空间和物件进行整理，

可以为生命补充无形的能量。

把凌乱的思想碎片整合起来

第二章　让日常生活变得像呼吸一样轻松

☾

除了上文提到的，我还有一种经常使用的空间整理方式。那就是大家都经常做的——整理书桌。在很多想法凌乱到无法整合时，我会去整理书桌。整理书桌的瞬间就是在众多思想碎片无法连接和结构化处理时，将它们连接起来的时刻。如果拿食物来比喻的话，就好比是想做美味料理的时候，食材是现成的，但是不知道怎么配比、如何搭配一样的道理。

我有喜欢记笔记的习惯，平时书桌上常会堆满没有整理的记事本和便利贴。只要一周不整理，书桌就会杂乱无章，很难找出曾经写的东西。但我很喜欢也很享受那堆积的样子。那感觉就像农民看到田野上秋收的稻草堆一样，看着桌子上堆着的便利贴，我也能感受到内心丰收的喜悦。那种感觉很好，所以我故意不收拾，就那样放着。

当然，我有特定整理桌子的日子。如果今天写作没有整理好思绪，写了一些不着边际或前后矛盾的话。即便这天的工作已临近收尾，我也会停下来，花时间整理书桌。一页一页地阅读堆积的笔记。一边读一边把相似主题的内容集中起来，和以前收集的便利贴捆在一起。

实际上，这个过程也并不容易。因为整理的过程中，有时会出现数十个难以捆绑在一起的独立主题。即使这些是我写的文章，也还是会出现某些令我自己都难以理解的内容，标签上的留言就仿佛是某个暗号一样。

与留言的"斗争"结束后，我会继续整理电脑中的文件和图片，给文件标上数字，按照号码顺序命名，将图片上传到云端，并给它标上标题。

整理完笔记和文件，我会打开抽屉拿出笔记本以及里面的各种物品，确认状态并进行整理。我整理最认真的文具是钢笔。曾经有一段时间，我抱着"好笔能写好文章"的童话般的信念，热衷于收集钢笔。而现在我写字用的是笔记本电脑，除了签名或记录的时候，钢笔几乎不用，所以笔尖时常会变得很僵硬。整理书桌时，我会仔细检查笔尖的状态，用温水把凝固的笔尖疏通。修理钢笔也是我宣告书桌整理完毕的最后收尾工作。

☾

整理书桌时要注意的一点是：整理不是在开始工作的时候，而是应该在一天结束时或是在日程安排的结尾时进行。在开始工作前进行整理，反而会拖延工作、分散注意力。不能把整理书桌当成拖拖拉拉、耽误工作的借口。

相反，结束工作后的整理是全力奔跑后轻松呼吸的放松时间。就像艰苦卓绝的战争胜利之后，获胜的一方整顿占领的城市一样，在一天工作即将结束之际，整理一下自己的思绪和书桌是一件很有成就感的事情。

实际上，在整理最私人的空间——浴室和书桌时，会产生精神上的距离感和行为上的独立感。即使是在孩子们跑来跑去，或者其他家人都聚在一起，氛围较散漫的情况下，只要我开始整理书桌，就没有人再来叫我。他们反而担心给我带来麻烦，选择暂时回避。

清扫浴室和洗澡的时候也是如此。值得庆幸的是,浴室让我暂时与外面的世界分离,让我拥有了只属于自己的时间。当然,不是说每个人洗澡、整理书桌就能整理好思绪。对某些人而言,整理厨房收拾厨房用品的瞬间,把更衣室里的衣服按照颜色排成一列的瞬间,都可以称之为是在借助整理,实现隐遁。至于选择哪种方式,取决于我们平时对周围空间赋予了怎样的意义。

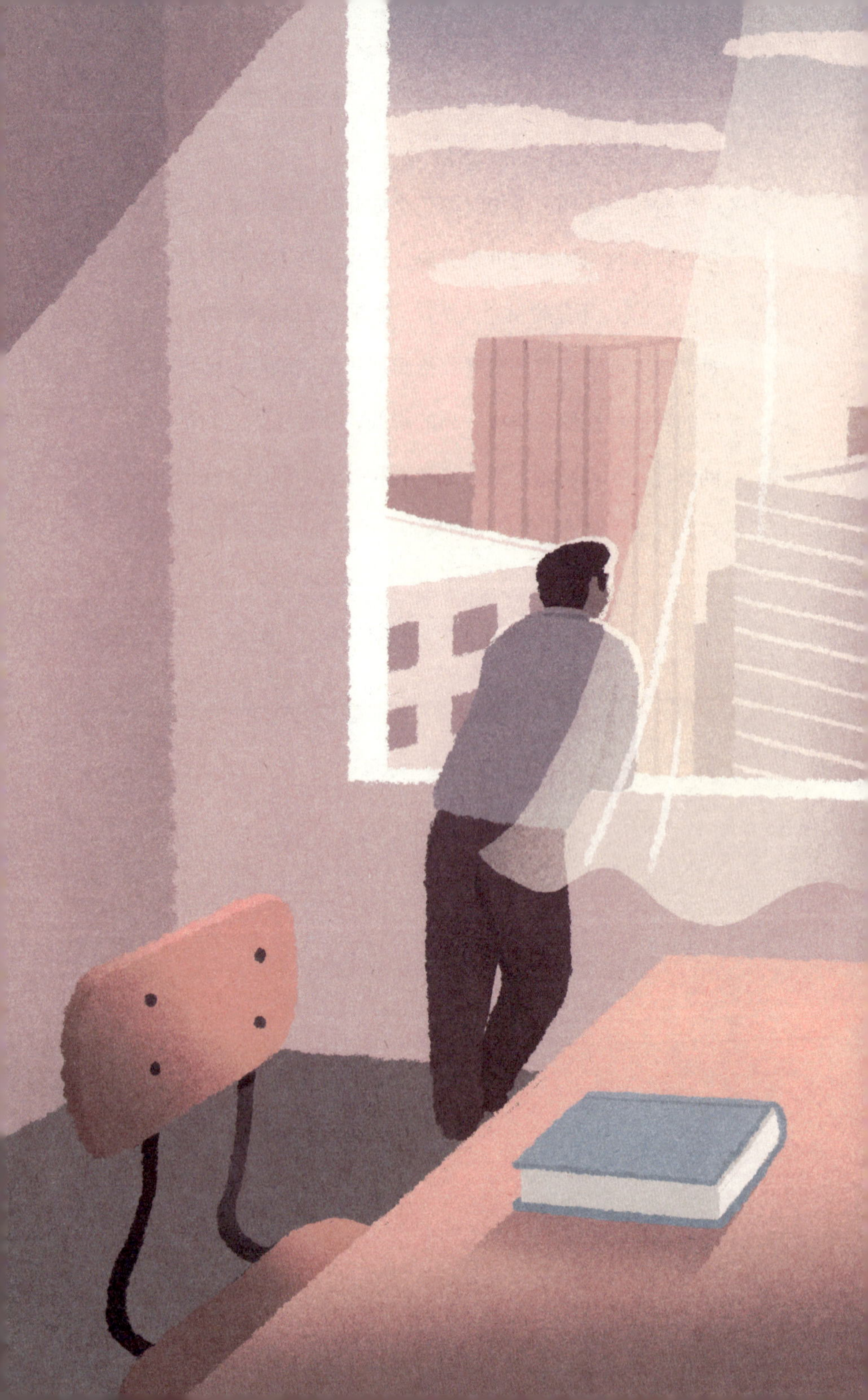

不久前在一起喝茶的网页设计师智媛说她感到有压力时,就会去洗手间,锁上门,然后在里面手洗衣物。对以前的她来说,洗衣服就是一件麻烦事,她更喜欢把衣服一次性放进洗衣机或交给洗衣店。后来偶然的一次经历,让她开始手洗衣服。那是她第一次手洗沾满污渍的丝绸衣服。当看到沾上污垢的衣服通过自己的双手变干净的时候,就像写出了好文章一样,内心萌发出了一种成就感。那种感觉很好,所以后来她不仅手洗衣服,还手洗被子这类的大件物品。

她说:"把被子放进大盆里,用脚踩在上面,双脚触碰被子的瞬间,那感觉实在太美妙了,可能是因为有一种怀旧的情怀在里面吧?工作时,你只能触摸到冰冷的鼠标和键盘。但布料和被子不同,它们与身体接触的感觉真是太美好了。洗完衣服,把它们甩一甩晾在阳台上时,心里就满足了。"

对她来说,手洗衣服就是在短时间内以自己希望的方式完成一件事并得到成果。所以在这个过程中，她自然就想不起其他的事了。有了要洗干净衣服的目的，看着洗净的衣服，完美地完成了该做的事情，她自然就产生了满足感。

后来，比起为了洗衣服而洗衣服，她更想感受的是那种欣慰的成就感，所以她会特意抽出时间来洗衣服。就这样，她度过了属于自己的短暂的隐遁时间。再后来，她渐渐发现，洗衣服似乎成了她工作过程中的"润滑剂"，每当在工作中思维混乱时，洗衣服就可以让她的思路变得清晰且有序。

像洗澡、整理书桌、手洗衣服，这种整理是我们日常生活中最容易的隐遁方法。而且，这也是通过日常琐碎找到新的意义并取得成果的培养隐遁力的好方式。当我找到了属于自己的整理之法，并通过它来维持我的思想秩序时，整理的隐遁总是会给我带来丰富和清晰的思想。

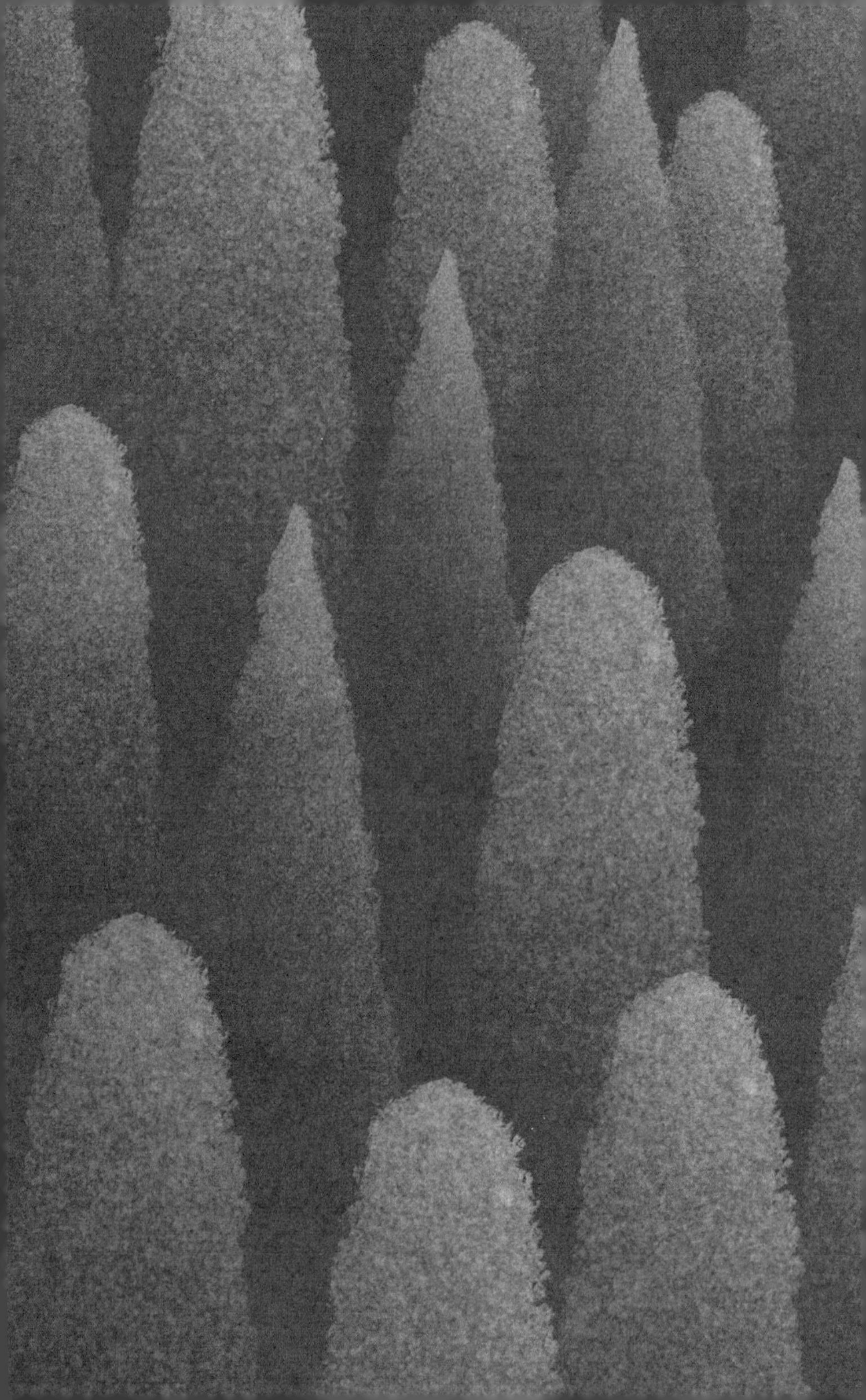

第三章

成为心灵的主人

孩子们创造的专属空间

第三章 成为心灵的主人

"爸爸,从今天开始我要养石子了。"

幼儿园刚放学的女儿一边递给我两颗小小的鹅卵石一边说道,这是她从幼儿园花坛里捡来的。因为妈妈不允许养猫和小狗,所以她决定养石头。从那以后,女儿每天都给鹅卵石浇水,还和它们说话,像照顾活物一样照顾它们。

不仅是鹅卵石,落地的树枝,或者一片树叶,只要她喜欢就会带回家,把它们当作朋友,还经常和它们搭话,给它们赋予自己的意义,有时还会把她的玩具也作为新朋友介绍给它们玩。小孩子都是自娱自乐的高手。一提到孩子的游戏,你可能很容易想到小孩子像口香糖一样缠着妈妈的样子,或是和其他孩子们在一起玩耍的情景。但如果你仔细观察就会发现,其实在很多时候,孩子们会创造出自己的隐秘空间,按照自己制定的规则玩耍嬉戏。

孩子们创造的专属空间

当然，他们创造的隐秘空间并非是很了不起的地方。椅子间搭上被子所建造的秘密基地，可以藏身的餐桌、衣柜，都是孩子们专属的隐遁之所。在那里，他们养石头，开着"汽车"在空中飞行，编织着各种有趣的故事。在属于他们的隐遁空间里，无论是性格孤僻难以融入团体的孩子，还是不愿独自玩耍的孩子，都能开心游戏。

这时，引导孩子们玩耍的最大力量就是想象力。独自一人时，想象力会异常丰富。因为和其他人在一起时，你需要专注于你应该做的事，很难自由地展开想象。因此，孩子们一感到无聊，就会创造出属于自己的空间，在那里展开想象，开始愉快的游戏。

☾

我也有过被想象力支配的童年。回想起来，那是一段比任何时候都能有趣地看待世界的日子。对于幼年时期的我而言，想象力是一位值得感谢的好友，支撑我度过了艰难、寂寞的时光。就像小说《最后一片叶子》的主人公约翰看

第三章　成为心灵的主人

到在风雨摧残中依旧不落的叶子后从病床上站起来一样，想象力也给我创造了属于我的那片不落的爬山虎叶子。

我从小身体孱弱，稍微跑一下就咳嗽不止，成长过程也比别人缓慢很多。奶奶对此深感惋惜。有一天她给我端来一碗药，说是好不容易从熟人那里弄来的。抱着感恩之心，我毫不犹豫地喝了它。当天我就开始闹肚子，一连病了好几天，躺在床上无法起身。从那以后，我只要有一点压力，就会腹痛难忍、吃不下东西，忙碌的父母也并未注意到我的身体状况。

偶尔胃不舒服时，我就会把饭倒到无人知道的地方。只要电饭锅里的饭少了，他们就会认为我吃过了。就这样，没有任何人发现我的异常。时间久了，饮食的不规律使我的身体渐渐衰弱。我时常会肚子疼，不能上学的日子也越来越多。缺课在家的日子，比起不上学带给我的快乐，凄凉感更甚。

那个时候，没有互联网也没有手机，既不能出去，也没有找我来玩的朋友。父母一大早就出门工作，只剩下我自己整天孤独地躺在空荡荡的房间里。终日沉浸在孤独之中，外加拖着生病的身体，这凄凉的处境让我对周围所有的一切都充斥着不满。

终有一天，这座狭小破旧的房子惹恼了我——出身贫贱让我丢脸，不能招待朋友来家里玩耍让我气愤。想到这些，我躺在地板上，像空中倾泻的瀑布一样，发泄着住在这种房子里的埋怨之情；絮絮叨叨说了半天，愤恨到流下眼泪。当心情稍许平静时，我萌生了离开这个家的幼稚想法。"那去一个什么样的房子好呢？"想法一个接着一个，我开始展开了想象，想象那座房子的具体形象。

愤怒的力量之下，我第一次在想象中描绘出了自己梦想中的房子。当然，在那之前我也想过它的样子，但从来没有完成过。因为我没有足够的集中力支撑我长时间持续想象，也没有一定要完成想象的理由。

那一次，想象给了我意想不到的经历。原来，在独处时延续想象，会让你感受不到无聊或孤单。在充满愤怒和抱怨时，这个曾令我感到不适和疲倦的家，随着集中想象的开始，竟成了帮助我完成想象的最佳素材和空间。

第三章 成为心灵的主人

拿出笔在本子上画出理想中的房子,写下关于图画的说明,这也会让人不由得去对住在房子中的人们展开想象。有时我还会收集秋秸或一次性筷子手工制作房子。像这样,完成的房子越多,我的心情就会越好。这种满足感渐渐抚慰了我的内心,给了我些许安慰。

当想象变成完美的故事,那它便不再是虚无的空想,而是我的心灵安慰剂。那一次也是至今为止,我经历过的最愉快的想象游戏。在那之后,我也经常玩想象游戏,努力创造出可以想象的单独空间。随着想象一点点完成,希望也会随之迸发,而后这些希望成了我此刻要做什么的选择标准。这些想象汇集在一起,我成了用语言把想象描绘出来的作家;对家和空间的想象,让我写出了关于空间的书。最终,想象成了我确定现实生活方向的种子。

☾

日常生活无聊时,我就会在深夜乘坐机场巴士去机场。并不是要飞往哪里,而是为了去那里看飞向夜空的飞机。

因为整天盯着显示器，视野会变窄，我必须找寻到拓宽视野的方式，而这便是其中之一。在机场看到陌生的外国人，拎着小旅行包的乘务员，以及那些即将去远途旅行而激动不已的人们，我就能暂时脱离眼前的现实世界，唤醒我沉睡的想象力。因为我知道这样的想象，总有一天会聚在一起，成为又一个美丽的果实。所以这个时间对我来说弥足珍贵。

与自我想象相关的隐遁之乐

第三章　成为心灵的主人

隐遁的乐趣之一就是我们可以随心所欲地进行想象，不受任何人干扰。安静而悠闲的隐遁时光是给脚踏在现实中的记忆插上想象翅膀的最佳时间。自由的想象有时会成为治愈心痛的良药。我给这种抚慰心灵的想象起了一个名字，叫作"治愈的想象力"。

"治愈的想象力"不是在一个个散落的想法碎片中发挥作用，而是在它们成为一个完整的故事时贡献力量。我们经常无法一次性地完成想象，就好比作画时不能一气呵成达到极致一样。如果在人脸上随便画上眼睛、鼻子和嘴，这样的画只会成为稍后被扔进垃圾桶的涂鸦。

想象也是如此，无意义的想象只是纷繁复杂的幻象，一转身就会立刻被遗忘。但是从头到尾有完整故事情节和形象的想象就像作者倾注心血完成的画作一样，能给人带来巨大的安慰和感动。

提到治愈的想象力，我就会想到宫崎骏。宫崎骏是动画界最受尊敬的作家之一，同时他也是一名被称为"想象力天才"的导演。《未来少年柯南》《龙猫》《千与千寻》等名作都出自他之手。

就像他独特的作品一样，他创作的方式也很特别。他说自己在学习作品素材时对情况或对象并没有准确记录，而是把它们留在了记忆中。不是因为记忆力强，而是他在记忆消失的地方注入了自己的想象。作品《龙猫》中的龙猫就是在熊、猫头鹰、浣熊的形象基础上，融入了宫崎骏自己的想象力而创作出来的角色。

进行创作时，他做的第一件事就是寻找隐遁的空间，享受独处。他经常去的地方是没有电话和收音机，只有黑白电视机的乡下小窝棚。就是在那里，他或观赏自然景色，或走在田间小路上，或整天阅读漫画书，或享受悠闲的生活。

在创作有关鱼少女的故事《崖上的波妞》时，他在日本的海边村庄里度过了6个多月，在那里创作了在这部作品中登场的新形象。不能出远门的时候，他会在摄影棚附近散步，观察大自然，度过属于自己的时光。因为他知道只有独处才能产生新的灵感。所谓的想象也是如此，待在最舒服、不受干扰的空间里，想象的翅膀才能飞得越高。所以，很多以创作为业的艺术家们为了完成自己独特的作品都会花时间独处。越是受到众人关注和喝彩的作品，越是要经过最彻底的独处才能诞生。从这一点我们可以看出，不是所有的隐遁者都是艺术家，但所有的艺术家都是隐遁者。

隐遁的时间虽然能激发人们的想象力，但并不是说灵感的产物会即刻显现。在隐遁中所展开的想象也许会超越现在，在遥远未来的某个瞬间展现出它的果实。对此，宫崎骏曾这么说："说起美丽的夕阳时，我想不会有人急于给你翻看拍下的夕阳照片集。也许他会向你谈起他在母亲怀抱中看到过的夕阳，或者说起垂暮之年时用来比喻自己的'夕阳'。总之，现在提起的都是在很久以前发生的事。"

宫崎骏的想象力源于他幼年时期的经历。看他的作品，会让我们感觉他过着一种没有任何顾虑的、自由奔放的生活，但事实并非如此。指引他进行作品创作的，是他亲身经历的痛苦回忆。他的童年和第二次世界大战的余韵一起度过。他出门能看到的景象只有被轰炸的建筑物和贫穷的邻居们。随着战争的结束，从事与飞机相关工作的父亲事业开始走下坡路，母亲因患传染性很强的结核病与家人分开生活了9年。因此，他必须代替生病的母亲照顾弟弟，照顾自己。

在这样混乱的生活中，他感兴趣的事情就只有在屋里看书、画画。对年幼的他来说，隐遁是唯一的选择。在那段隐遁的日子里，他想象着各种各样的故事：母亲痊愈后的样子、幸福的家庭、没有战争的世界、神秘的自然……也正是这些事物填满了他想象的笔记本。而这段想象的时间也恰恰成了他日后成为动画导演的"扳机"。扣动扳机后射出的子弹之一就是他的代表作《龙猫》。

在《龙猫》中，除了性别的差异，姐姐小月的形象就

第三章　成为心灵的主人

如同宫崎骏的真实写照。上小学的小月替生病的母亲照顾年幼的妹妹小梅，帮助父亲做家务。小月的出生年份也和宫崎骏一样都是1941年。在相似的经历上，他还补充了自己的想象：在小月一家搬进的破旧村舍里，住着只有孩子们才能看到的樟树精灵——龙猫。龙猫是代替父母照顾自己的监护人。下雨天，它会为小月盖上像雨伞一样的大叶子，帮她寻找迷路的妹妹，安全送她回家等。龙猫是借助治愈的想象力创造出来的产物，它将黑暗的现实变得充满阳光。

毫无疑问，宫崎骏的内心世界大体也是如此。在艰难的现实中，他的心里存在着自己未曾了解的另一个世界，在那个世界里也许有守护、拥抱自己的天使，这对他来说也是很大的安慰。当然，仅凭想象是无法改变现实的，但至少可以改变一个人对现实的看法。对现实的不同看法，可以让你看到与熟悉的现实完全不同的世界。就像在龙猫存在的世界里，幼年时期的痛苦可以成为美丽的童话一样，想象力可以创造出只属于自己的世界。那个广阔的世界会让你觉得疼痛或悲伤比以前要小得多。

有时一有时间，我就会让孩子们动手做一个"龙猫"，就像宫崎骏那样。也就是让孩子们玩合成各种动物，创造新动物的游戏。孩子们把记忆中储存的各种动物结合起来，想象出属于自己的动物，给它起个名字、编个故事，进行游戏。孩子们前一秒还吵得不可开交，但在开始想象的那一瞬间，就像暂时从世界上消失了一样，都成了安静的隐士。而我只是在一旁静静地看着他们，直到他们完成想象。

我想，短暂的隐遁总有一天会成为孩子们在经历苦难之时，得到休息和慰藉的安身之处。

越看，越鲜明

第三章　成为心灵的主人

十五岁时,我离开了家人,开始了一个人的寄宿生活。虽说这不是小时候的事了,但可能是因为那段时期我的生活过于疲乏,所以当时的大部分记忆都变得模糊不清。但在这些模糊的记忆中,有一个场面给我留下了特别清晰的印象——我经常去寄宿人家的厨房,看里面挂着的一幅画。那时我并不知道那是谁的画。只是一看到那幅画,我就会特别思念远方的家人。

后来我回到了首尔和家人一起生活,也就完全遗忘了那幅画。再次见到它,是在看韩国画图录的时候。那时才知道那幅画是李仲燮[①]的《思念的济州岛风景》。

李仲燮是一位贫穷的画家。他因贫穷常年漂泊,后来

[①] 李仲燮(1916—1956),韩国艺术家,代表作:油画《白牛》。

他想去一个温暖的地方定居，于是去了济州岛。虽然他对济州岛的生活抱着渺茫的希望，但在那里，他的生活依旧没有改善。他的家人经常捡拾地上的食物充饥，有时也会到海边抓螃蟹吃。

在家人去了日本后，他回想着过去生活中的模样，创作了《思念的济州岛风景》这幅作品。作品中，天真烂漫的孩子们开心地抓着螃蟹，自己和夫人则微笑着看向他们。仿佛悲惨且贫穷的那个时期，只给他留下了愉快的回忆。

在妻子和子女离开济州岛到日本后，他的日子变得更加孤独和贫穷。一般人面对这种情况，似乎应该做点事情来糊口度日，但他却始终坚持画画，以此来支撑生活。用蓝色画笔绘出的画作记录了他当时极度的孤独和生活的艰苦。

在无人对画作进行说明的情况下，我一看到画便会产生思念之情，这是一件神奇的事。乍一看李仲燮的《思念的济州岛风景》，会觉得画中孩子们滑稽的表情，以及像夸张漫画一般描绘出的螃蟹，两者相互融合，形成了有趣且愉快的画风。但如果长时间注视这幅画，内心深处又会

第三章　成为心灵的主人

涌现无以名状的思念。我们是在透过画的外在形式，直观地感受作者的内心情感，并产生共鸣。

☾

画具有在无形中显露内心情感的本能，犹如心灵的出口。因此，还不能完全表达自身想法的孩子们也常常通过画画，呈现自己的内心世界。

有一天，我的一位朋友的孩子画了一幅全部涂黑的画。当有人问他为什么这样画时，孩子回答说："因为是黑夜。"可奇怪的是，他画的夜晚，没有星星，没有月亮，没有窗外的灯光，没有任何的光亮。后来我才知道，原来那时孩子正在遭受严重的校园暴力。内心的不安让他把本该属于夜晚的光芒全部都抹了去，画出了一片漆黑。

所以我觉得，人们能够用画来表达难以名状的心情，创造心灵的出口，这也许是神给予人类的一种关怀。但遗憾的是，从某个瞬间开始我们却不再画画了。即便在绘画方面有天赋，但以不考美术类院校或梦想不是成为设计师，以及学业繁重为由，我们切断了与画的联系，遗忘了画画。

但我认为，我们不应如此淡然地将这项创作活动遗忘。因为遗忘画画的瞬间，也意味着心灵出口的关闭。因此，当感到疲惫时，有必要再一次回想起神赐予我们的那份关怀。暂时忘掉身上背负的才能、素质、技术等，重新打开我们曾拥有的最大的心灵出口，为自己留出画画的时间。

我在长时间通话时常会拿出纸笔，一边画画一边讲电话。我通常会画一些图形。如果沟通不通畅，我就会画几个重叠的圆，如果通话时间太长，我就会用粗线条画几个重叠的四角形。如果对方的话难以理解，我还会画一个大星星，以此来指代"无知的双眼"。

这样一边通话一边画图形的方式，就像棒球选手嚼口香糖一样，有助于集中精神看到自己的内心。通话时，看着纸上画的图形，我感觉自己的心好像也与对方相通了。这便是我通过画画来放松心情的真实故事。

画画不需要什么特别的空间，也不需要很了不起的工具，就像通话时我画的图形一样。在咖啡厅等人的时候可

第三章 成为心灵的主人

以在餐巾纸上画画，睡觉前或稍许休息时也可以拿出纸笔，用简单的图画来表达自己的内心。

如果通过这种轻松的方式，打开了心灵的出口。那么此刻，就由我们自己来决定是把它作为中心出口，还是留作侧门。即使知道画画能表达心意，但仍旧讨厌画画，而且认为它无聊，就没有必要为它太费心思。但是，如果想通过画画，更深层地表达内心，那么从现在开始，让我们准备成为画中的隐士吧！

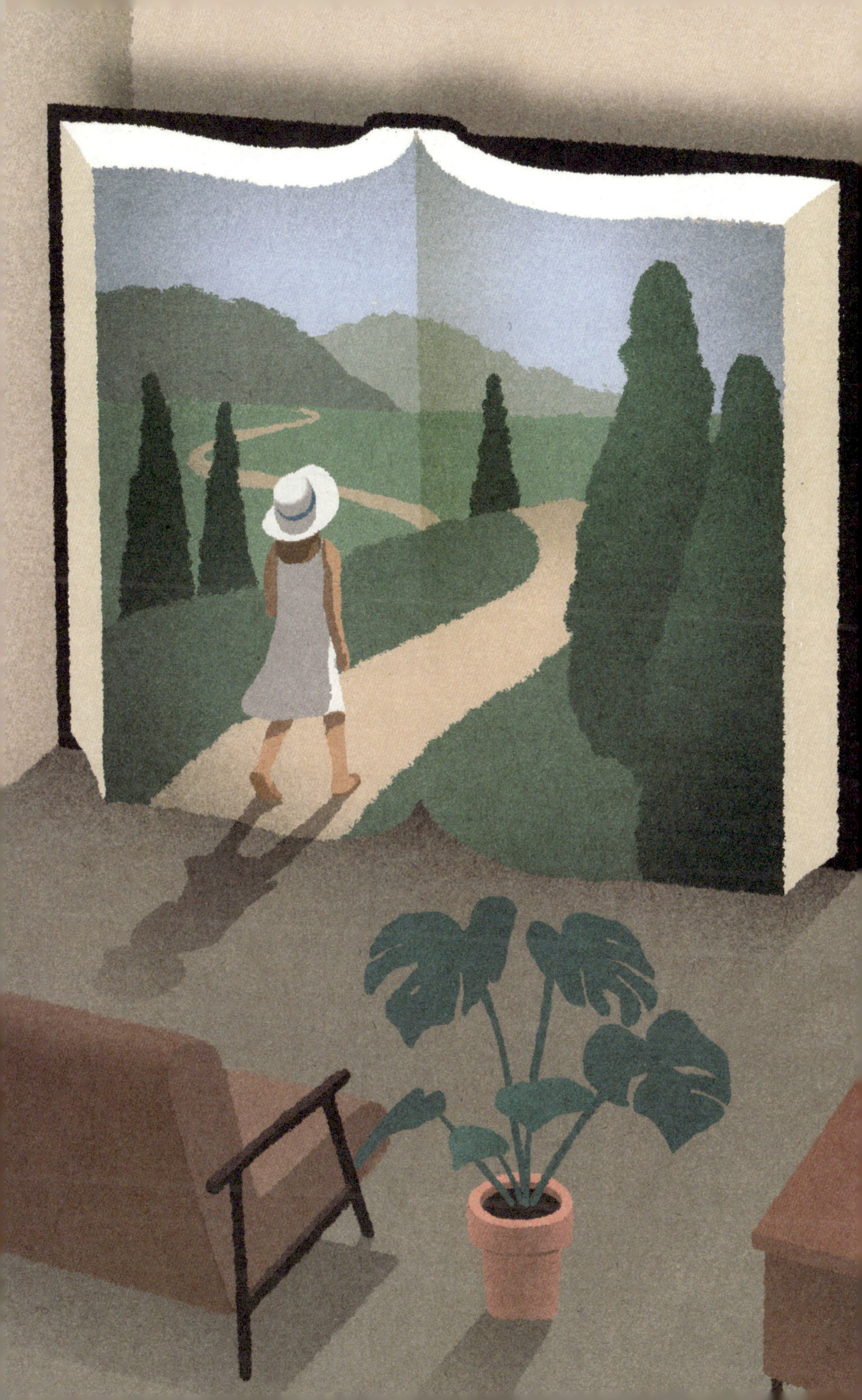

第三章　成为心灵的主人

如果要选择一位用绘画来阐释隐遁的画家，我想最合适的人选应该是爱德华·蒙克[①]。著名的《呐喊》就是出自他的手笔。纵观蒙克的一生，充满了错过与不幸。如果说经历骨肉早逝、恋人背叛、病痛折磨就是拥有不幸命运和悲惨生活的人的话，那他应该属于这类人。但是，他并没有接受这样的命运，他用绘画改变了一切。

遇见了绘画，这是他人生中最大的幸运。他也经历过幼年时期用画承载自己痛苦和恐惧的过往。而这种经历，就是如此重要。如果遵循了父亲的意愿去当医生，也许他会用医治患者的锋利手术刀割自己的手腕。但幸运的是，他走上了画家的道路，从此，他可以把在现实生活中感受的不安尽情地表现在画中。

他画中的生活就是自己的隐遁人生。对他来说，社会

[①] 爱德华·蒙克（1863—1944），挪威表现主义画家、版画复制匠，现代表现主义绘画的先驱。

就像到处充斥着死亡的沙漠一样火热。在这样的沙漠中，画成了他唯一的绿荫。在这个舒适的地方，他可以鼓起勇气面对自己的痛苦和不安、悲伤和挫折。面对恐惧的记忆，他可以将当时的恐惧重新融入画幅上，对一般人来说，回忆恐惧是一件痛苦的事,但对他而言却不是。蒙克曾这样说:"我的身体在腐烂，但尸体上的花朵却在绽放。我生活在那朵花里。这就是所谓的永远。"

他提到的花就是绘画。在40岁后，他到郊外盖了房子，直到生命的最后一天仍沉浸在绘画中。为了保护自己"花中的世界"，他尽可能地减少与人的交往，努力独处。他的名字就像修道僧的发音一样[①]，最终，他作为一个完整的隐士完成了自己的人生。

心理咨询过程中，我经常会遇到在极度痛苦中挣扎的人。每当这时，我就会谈起绘画，并向他们讲述起蒙克的不幸人生，以及他最终通过绘画中的隐遁得以开花结果的故事。因为我知道，这与安慰他们说"加油""苦尽才会

---

① 在韩语中修道僧的发音类似于蒙克。

第三章　成为心灵的主人

甘来"之类的话相比，两者的意义完全不同。

我们从小就听着"无数次坚持，终究会战胜困难"这类话。"即便难过，遇到挫折，也不要止步，要更加努力，奋力前进"这也许是很多人心中的人生指标。但是，美好的生活并不一定只存在于这种充满活力的面貌之中。

追求过于明亮的人生可能最终会变成没有阴影、只有光亮的照片。因此，不需要为了表现出开朗的一面而竭尽全力。悲伤的时候想想蒙克的画，接受这样的自我，坚持下去，也可能会迎来美丽的人生。

越看，越鲜明

那片绿荫，是休憩之所，
也是给予勇气，治愈苦痛与不安、
悲伤与挫折的安乐之所。

治疗『YouTube blue』心态

第三章　成为心灵的主人

☾

"老师，一周要上传两次视频，才能增加订阅者。Instagram 也要一天上传两张照片！"这是在我注册 YouTube 和 Instagram 时，负责影像编辑的合作伙伴给我的建议。通常，人们使用社交媒体平台是为了与熟人分享日常的想法和感受，有时也会将这种平台作为自我宣传和赚钱的平台。

我经营 YouTube 频道《申纪律的心灵茶馆》和 Instagram 的目的更接近后者。我想通过影像宣传提高自己的知名度。当听说自媒体能赚钱时，我的耳朵痒痒的，我也希望能那样赚钱。有时我甚至还希望 YouTube 能成为让自己实现人生飞跃的秘密王牌。

但是在拍摄和上传视频的过程中，出现了许多让我意想不到的困难。可能是梦想和期待太大了，只要我一打开

治疗"YouTube blue"心态

相机,身体就会感到吃力,表情也会变得不自然,准备好的话也说得结结巴巴的,说着说着脑子就一片空白。从拍摄的影像来看,每句话、每个手势,都充满了人为的、矫揉造作的味道。这都是在拍摄YouTube之前没有的现象。

在这种状态下,我每周都要进行拍摄并上传视频,结果出现了一想到要拍摄视频就感到身体不舒服、忧郁、不想看见视频的不安症状。也就是让众多YouTuber纷纷沦陷的心理疾病——"YouTube blue"。虽然这种心理疾病鲜为人知,但据说只要一提名字,大家就能知道。

"轻微恐慌障碍"是大多著名Youtuber都患有的"YouTube blue"症状之一。其他国家的Youtuber也一样。因Youtuber患焦虑症或忧郁症而突然关闭频道的事情屡见不鲜。要展现什么东西所带来的压迫感,实时上传的点击率和回帖都会引发Youtuber神经性的不安和焦躁。

"YouTube blue"不仅仅发生在订阅人数众多的大型Youtuber身上。随着YouTube创作者的增多,也出现在像我这样小型的Youtuber身上。我注册YouTube的时间还不足6个月,就出现了这类症状。随着订阅者和点击数

第三章 成为心灵的主人

的增加,"YouTube blue"也越来越严重。不知不觉间,YouTube 对于我而言,竟然变成了没有铁窗的牢笼。

☾

就这样,在经历"YouTube blue"这一新型焦虑症的过程中,我注意到了一个特别的 YouTube 视频。这是一个月点击数突破 100 万次的名为《时间不会等你》的视频,其主题是与病魔斗争。最初,这位 Youtuber 运营的频道以日语教育为主题,到后来才上传了"与病魔斗争的日记"。视频中的她被诊断为胆道癌末期。

起初由于肩膀和脖子疼痛,她去了医院,并没有太在意,但在医院她却听到了胆道癌末期这晴天霹雳般的消息。被诊断患有晚期癌症后,她开始拍摄自己与癌症斗争的视频。我第一次看到的影像就是"与病魔斗争的日记"的最后一集。在视频中,她感觉到自己的生命已经所剩无几。但她依然以明朗的模样,向一年以来一直支持自己的人们做最后的道别。"祝你永远健康。我会想你的。非常感谢。"

这条视频上传四天后,她的妹妹便在视频下留言说,她已经长眠了。除了在留言中表达了感谢,她妹妹还称,姐姐在接受抗癌治疗时,痛苦到连一句话都说不清楚,但视频拍摄却给了她巨大的力量,不仅能说话还能开心地笑了。我看完她拍摄的所有视频,才知道:她与我不同,对她来说,YouTube 是让她摆脱癌症晚期恐惧,展现愉快自我的唯一的安身之所。

从她与病魔开始抗争的那一刻起,就注定不可能过上正常人的生活。过去维持的良好社会关系也将全部断绝,只能来往于家和病房之间,与病魔孤独地作斗争。对于她来说,无论到哪里都很难摆脱对死亡的恐惧,而唯一能够让她暂时忘记恐惧的空间就是 YouTube。我看着她的"与病魔斗争的日记",渐渐意识到,原来像 YouTube 这样"暴露"的媒体平台也可以成为优秀的隐遁空间。

大多时候,视频影像并不是真正意义上完全的"暴露",而是计划好的"暴露"。视频只展示了自己想展示的和想说的内容。"与病魔斗争的日记"就是如此。我通过 10 分钟左右的短片,知道了她的脸和声音,也知道她现

第三章　成为心灵的主人

在是什么状态，但这并不意味着我了解她。每周一集的视频，只展示了她漫长一生中的 10 分钟而已，又怎能谈得上了解呢？

我所知道的，只是她想展示的一个很短的片段。但在"遮挡"的状况下，我依旧能够感受到她的真诚和遗憾，能够感受到双方情感上的充实，这是个非常特别的经历。

自媒体空间使这种特殊体验成为可能。所以，我觉得它是一种新的隐遁式的沟通方式。YouTube 中的隐遁可以比喻成拥有巨大玻璃窗的建筑物。用巨大玻璃建造而成的建筑物，它既可以满足我"看外面世界"的欲望，又可以随时拉下百叶窗，营造看不到内部的个人的私密空间。

YouTube 就是这样。任何人都可以看到名为"影像"的巨大玻璃窗里的我，但只要我愿意，又随时可以拉下百叶窗。我既可以在玻璃窗前做很多我想做的事情，让人们一起欣赏我的样子，也可以随时选择离开。因而，我把这种选择性开放的空间和选择性沟通的方式称为"玻璃窗中的隐遁"。

"玻璃窗中的隐遁"创造了沟通与隔绝之外的第三领域。在这个万物互联的时代,隐遁不再意味着断绝,而是一种选择性的连接,连接想要的,切断不想要的。而为了做出适合自己的选择,我认为最重要的是,要有一双懂得判断的慧眼,判断现在应该做什么,能做什么。然而这种眼光并非高不可攀,只要你的选择不让自己感到难受、忧郁,那就可以说具备了卓越的眼光。

☾

看了她的 YouTube 之后,我回想了一下自己注册 YouTube 的初衷。突然想到了最初看过的一段 YouTube 视频,于是就去找了一下。这是 YouTube 的联合创始人贾德·卡林姆在 YouTube 上传的第一个视频:《我在动物园

第三章 成为心灵的主人

里》①。在影像中,他站在大象前说:"这里是动物园,我的大象朋友们在我身后。这些家伙有好长好长好长的,呃,鼻子。好酷。"

看着现今 IT 业巨头像傻瓜一样的表情和语气,我再次想起了不应该被遗忘的 YouTube 的本质。YouTube 是一个可以随意上传故事和展示视频的地方,是让我自由的隐遁之所,并不是囚禁我的监狱。所以,我要做的,就是像卡林姆一样,做一个生动讲故事的人罢了。

---

① 原视频名为英语 "Me at the zoo"。

治疗"YouTube blue"心态

在这个万物互联的时代，隐遁不再意味着断绝。
而是一种选择性的连接，
连接想要的，切断不想要的。

成为自由岛的主人

第三章　成为心灵的主人

☾

也有很多人把 YouTube 只当作自己拍视频的隐遁场所。中介公司工作的善姬，最初注册 YouTube 也只是为了唱歌。善姬从小就喜欢唱歌，而且擅长演奏乐器，她的梦想是成为歌手，但随着毕业早早结婚，她连自己的梦想都没有尝试过。虽然会偶尔去练歌房唱一两个小时，但仅仅是这些的话，她并不满足。

在没有客人的时候，她每天都要坐在办公室里度过无聊的时光。为了避免无聊，她会登录 YouTube。刚开始，她只是看别人翻唱当红歌手的歌曲，然后一起哼歌。后来，她觉得自己也能做到那样，于是就把手机放在桌子上一边录制一边唱歌。而后，再把录制的未经过特别处理的视频上传到 YouTube 上。

起初她的视频被设定为非公开，只给自己看，但视频堆积到一定程度后，她就鼓起了勇气将其设置为向所有人公开。虽然她害怕别人指责她唱得不好，或者用外貌贬低自己，但出乎意料的是，看到她视频的人，都很喜欢听她唱歌。随着观众的不断增加，善姬的受关注度越来越高，她似乎又重新找回了被遗忘的歌唱才能。于是，从那以后，YouTube 成了她可以尽情展示才能的隐遁之所。在那里，她创造了与自己现实生活不同的，唱歌的日常。

像她一样，把 YouTube 当作隐遁空间的人们有着共同的特征——在那里享受着专属于自己的自由。当然偶尔也会有负面留言，但视频制作的初衷并不是为了给别人评价，所以，全部删除即可。没有必要去接受无谓的批评和指责。不想增加订阅者，也不用在乎点击率。在这里你不需要成长为社会所期待的样子。只要觉得自己做得不错，且帅气就可以了。

在她的频道里，她可以享受充电的时间，并利用这些

第三章　成为心灵的主人

能量度过愉快的一天。如果当时她把焦点放在赚钱或增加订阅者上，在 YouTube 上上传视频对她来说，可能也会像被关进监狱一样，令她郁闷和痛苦吧？幸运的是，她并没有以此为目的使用 YouTube。她想要的，只是一个可以将遗忘的才能带往快乐的阳光之地。

☾

进入第四次产业革命时代后，YouTube、Instagram 等媒体平台就像手机一样，成了人们拥有的数字空间。现如今，在信息的海洋中，我们每个人都拥有一个自己的岛屿，一个专属的个人频道。如何运营这个岛屿，取决于自己的意志和判断。它既可以变成你的专属休养地，也可以变成供人们前来消费的旅游胜地。

很多把 YouTube 打造成旅游地的人中，有的会在那里像演电影一样，为了得到自己的实际利益而竭尽全力。他们在本来面貌上戴上一层面具，与世界进行虚伪的沟通。当 YouTube 成为这样的旅游景点时，那里并不是隐遁的空间，只会成为另一个社会空间，成为充满欺骗、弱肉强食的战场。

在这样新分配的岛屿上，每个人都希望能够脱离陆地的视线，成为自由岛屿的主人。看着玻璃墙里的隐士们，我想我也应该这样运营自己的频道，让这里成为一个温馨的空间，摆脱尽善尽美的负担，只为自己或与我有缘的人整理一周或十天半月的影像。

有时我会想，如果可以，这段在 YouTube 上隐遁的历史能成为我心中的历史就好了。也许有人会嘲笑我生疏的样子，但反而会有更多的人，喜欢我在玻璃墙中坦率的样子，给予我慷慨的应援和鼓励。因为，无论多么用心去做某件事，总会有人报以嘲弄和讥讽的眼神，也总会有真心为你应援加油的人。

所以我们无须惧怕。只要迈过这一步，就能感受到隐遁的快乐，填补人生的不足。

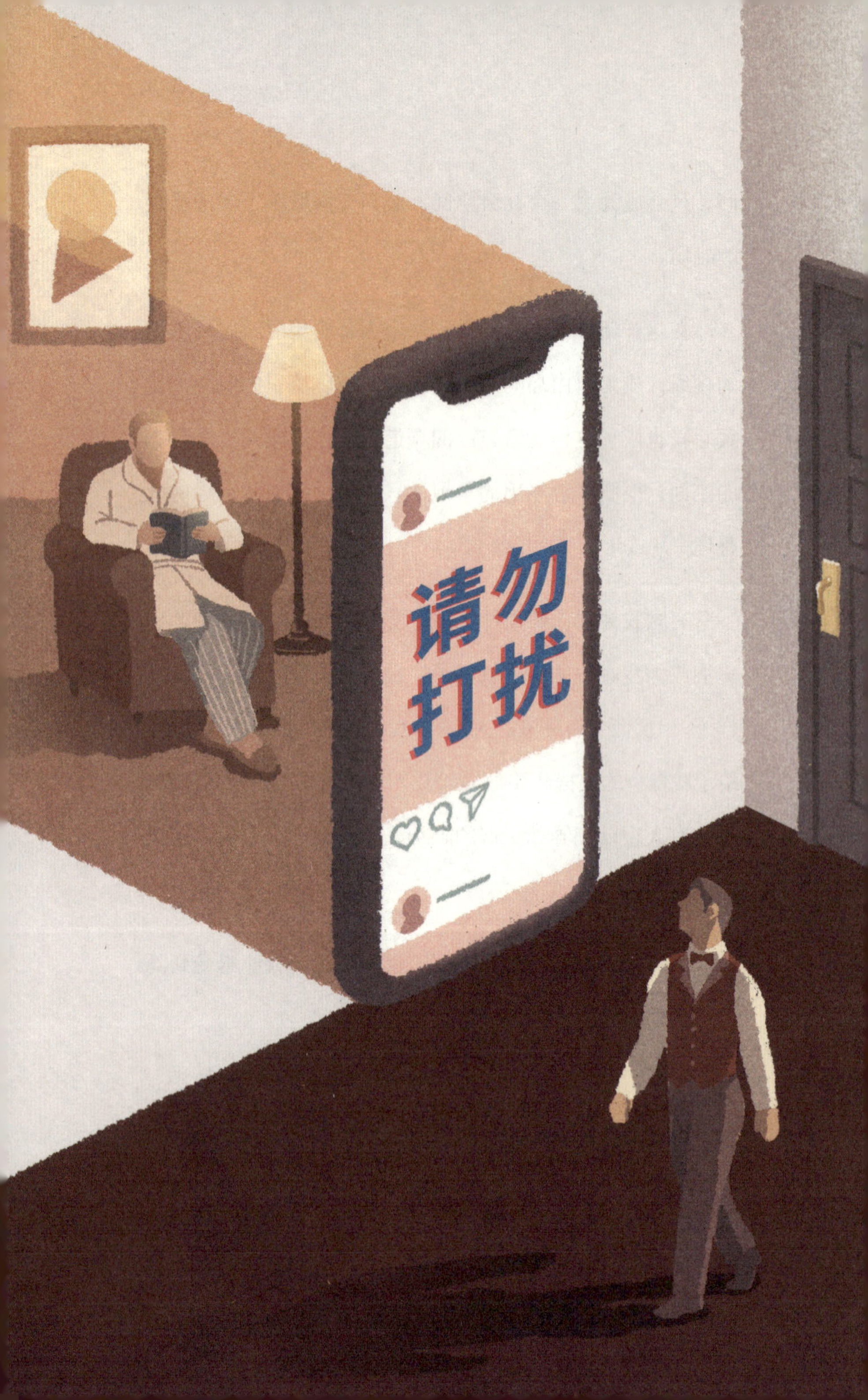
请勿
打扰

在新分配的岛屿上，

让我们每个人都能脱离来自陆地的视线，

成为自由岛的主人吧！

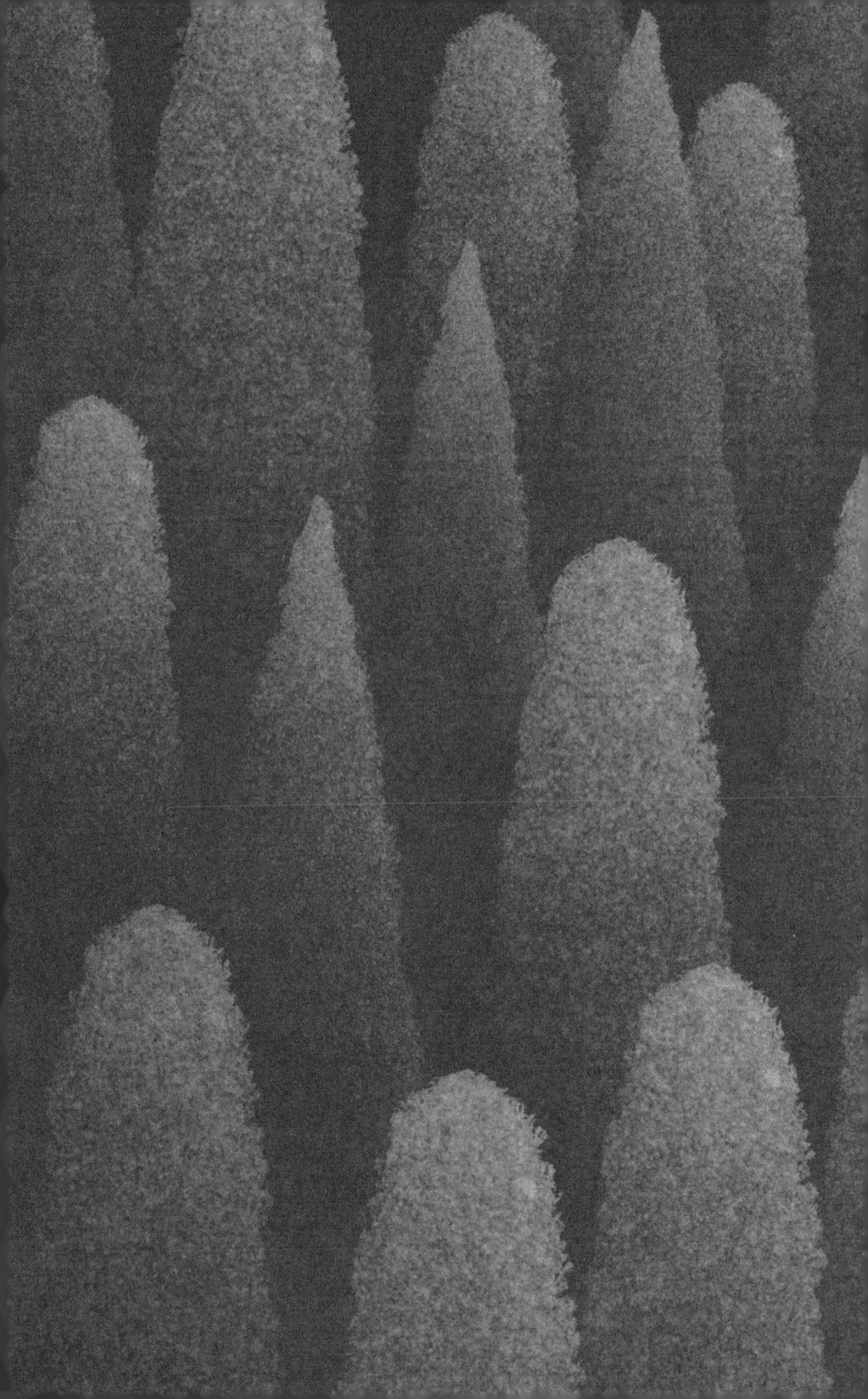

第四章

排解坏情绪的
　　心灵出口

开启心灵的旅程：镜子冥想与生存冥想

第四章　排解坏情绪的心灵出口

"看得仔细看得久，才觉得它如此美丽可爱。"

这是诗人罗泰柱[①]看着花草写下的诗句。这句话的余韵非常好，"即使是很容易被忽略的小花草，只要仔细观察，就会发现它的美。"这样看来，美丽的不仅仅是花草。脚下各异的石块、周围无名的树木，即使是再常见的东西，只要仔细观察，就会发现自己所看不到的魅力。

那么人呢？仔细观察陌生且平凡的人，也会觉得漂亮可爱吗？心理学家称，可以，而且只需要两分钟。美国心理学家琼·凯勒曼[②]将72名男女聚在一起，进行了一项浪漫实验，即一方不做任何动作，与另一方对视两分钟。结

[①] 罗泰柱，韩国诗人，1945年生于忠清南道舒川。

[②] 琼·凯勒曼，美国马萨诸塞州大学心理学家。

果显示，相互对视的双方，对彼此的好感度明显上升。不仅是陌生人，在熟人之间，也出现了相似的实验结果。

最近，一个YouTube频道也进行了类似的实验，让恋人们相互对视4分钟。刚开始，双方略显尴尬，会不好意思地发笑，随着时间的流逝，双方表情逐渐严肃，过了2分30秒之后，他们脸上不再有一丝笑容，反而流下了眼泪。同甘共苦30年的夫妻边哭边说："谢谢！"即将结婚的恋人边哭边说："我们要幸福地生活。"即使没有人示意，他们也会自发地从座位上站起来，互相拥抱，互拍后背。虽然没有精彩的话语表达和戏剧性的行为动作，只是对视，他们就能感受到来自对方的爱意和信赖，通过眼神到达彼此的内心深处。

如果改变视线的方向，观察自己会怎样呢？眼神交流的惊人效果不仅体现在与他人的关系上，同样适用于自己。方法很简单。

1. 准备镜子。
2. 把镜子放在距脸约30厘米处。

第四章 排解坏情绪的心灵出口

3. 看着镜子中自己的眼睛,坚持 4 分钟。

令人惊讶的是,出现了与前面实验眼神接触相类似的反应。刚开始不是看眼睛,而是看脸,而后逐渐把焦点放在瞳孔上,从眼角涌出眼泪,最后,在不知不觉间,内心产生了歉疚或感激的情感。

事实上,隔着镜子对视自己的双眼,是面对自己内心世界的一种冥想方法。无论你去哪个地方冥想,首要做的就是"观察内心"。但没有比这更难的了。如果想要付诸实践,就更不容易。我认为,通过与镜子中的自己对视,来观察内心是个不错的方法。

"眼睛是心灵之窗"这句话并非凭空而来。当我们和某人闹别扭的时候,最先避开的是对方的眼睛。生气的时候,紧张的时候,眼睛都会流露出情感。所以反过来讲,通过眼睛也能进入表露情感的心灵。而且,时间不需要太长,4 分钟就够了。

利用镜子与自己对视,在进入内心的过程中补充几项思考的内容,并在日常生活中加以利用。由此,诞生的冥想法就是"生存冥想"。生存冥想,顾名思义就是陷入情感海洋,不知从何处开始,从何处结束时,为了生存而产生的冥想。生存冥想是借鉴"生存游泳"衍生出来的概念。

生存游泳[①]是指不会游泳的人落水时如何保持生存的方法。方法很简单。在水中放松身体,张开双臂保持平衡,使身体漂浮。因为恐惧会使身体吃力,挣扎下沉。克服恐惧,在身体放松的状态下,舒服地呼吸,将身体寄托在水势上,这样就能浮在水面上,被救助或被推到浅水区,从而生存下来。

生存冥想也一样。它是因感情起伏而摇摆不定的人们在陷入不安和恐惧的情感海洋时,为了不下沉而使用的冥

---

① 生存游泳,2018年后,韩国新出现的词汇,生存游泳教育与一般游泳课程不同。——译者注

第四章　排解坏情绪的心灵出口

想法。如果说生存游泳是漂浮在水面上生存的方法，那么生存冥想则是进入感情激荡的心灵深处，不被感情所左右的方法。生存冥想也需要熟悉以下步骤。

　　1. 放松身体，感受呼吸。只要察觉到自己在呼吸就可以，不用在意呼吸频率的快慢。
　　2. 如果感受到了自己的呼吸，现在准备与自己对视。如果需要镜子，就拿出镜子，如果不需要，就闭上眼睛。
　　3. 感受内心中浮现出又消失的每个想法或情感。

　　"观察内心"乍一听可能觉得特别困难。但实际不然。此时，想一下保罗·高更[①]的一句话："闭上眼睛看。"

　　像高更的画作——《塔希提岛的风景》就是他闭着眼睛所看到的风景。画中的风景画得很简单，很难说是哪里

[①] 保罗·高更（1848—1903），法国后印象派画家、雕塑家。

的真实面貌。因此，我们通过画了解到的，并不是塔希提岛的真实风景，而是高更对塔希提岛风景的内在感觉。高更闭上眼睛，想着自己内心感受到的风景，创作了作品。其实，闭上眼睛看内心也是一样的道理。

就像高更一样，心里是怎样的想法和情感，直接去感受就可以。当闭上眼睛感受内心时，如果突然出现昨天吃过的比萨饼，就看着这个比萨饼。如果想到明天之前要提交的报告书，就看着这份报告书，如果出现了快被遗忘的朋友的脸，就看着他的脸。这就是与自己内心的对视。就像几个无法实现的梦一样，无数的思绪最终也会一而再，再而三地浮现而后消失。注视一个又一个明灭的想法。这就是通过生存冥想观察内心的方法。

注视着来来去去的想法，在某个瞬间，想法会渐渐消停下来，让你觉得好像看到了什么，但又好像什么都没看到，进而感受到一袭寂静感。这是由于此时大脑紧张所散发出的 β 脑电波转变为放松和集中的脑电波——α 波和 θ 波。而且，此时被感情左右的不安意识，也会在内心深处安静下来。

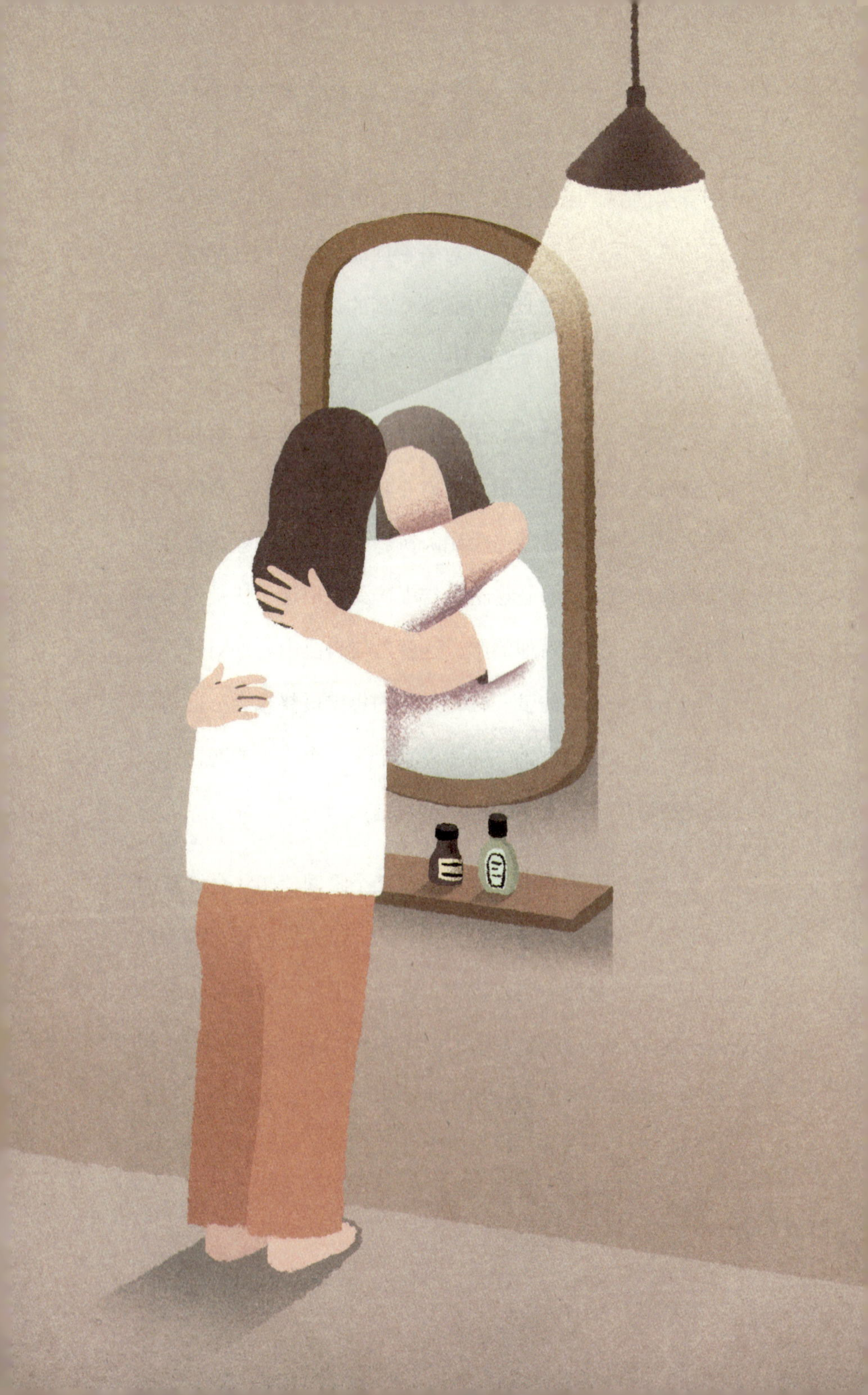

随着呼吸的节奏，与内心情感的对视会在很短的时间内将我引导到一个完全不同的世界。那个世界就是我们常说的无意识的领域，心灵的世界。我把通过生存冥想进入心灵的过程称为"心灵的旅行"。这趟旅行就像是穿过波涛汹涌的海面，进入深海的潜水。虽然这没有光线的深海与嘈杂的世界相连，但也是温度和密度完全不同的秘密空间。在摇摆不定的感情下达到深海的瞬间，我的身体也迎来了前所未有的寂静。此时的寂静不是无声的，不是那种听觉上的寂静。那是一种深沉的寂静，即使听到声音，即使注意力分散，也不会被打破的寂静。

缓解紧张、放松心情的生存冥想与其他冥想相比，最大的区别就是不要求处于紧张状态的你去做些什么。"不要紧张，做错了也没关系，不要在意遇到的事"等，事实上都是在指责或催促你做一些事情。这样的唠叨反而会让原本就紧张的内心更加不安。生存冥想则恰恰相反。它只需要你感受呼吸，与内心摇摆的想法对视即可。这样的对视，

第四章 排解坏情绪的心灵出口

还能让你看到紧张是如何塑造我们身体的。

放眼内心，与心对视，很多时候内心会满足我们恳切的要求。比起像云朵一样飘浮的想法，我们会更相信看着自己眼神说话的自己。这种意境的流动，让现实中手攥汗水的我，感受着身体依然紧张，内心却平静这两种情感。而且，这种感觉就像在寒冷的冬天里穿着一件暖和的外衣，让人温暖。希望在日常生活中处于紧张的瞬间时，我们都能通过像潜入深海一样暂时的冥想，不被感情左右，平静下来。

心灵的旅行就像是穿过波涛汹涌的海面，

进入深海的潜水。

抵达深海的瞬间，会让你感受到前所未有的寂静。

享受独处的乐趣

第四章　排解坏情绪的心灵出口

在与人交谈的过程中，我偶尔会遇到一些陷入极端空虚和无助的人。"虽然工作很好，但感觉不到任何幸福""虽然和家人组成了和睦的家庭，但不知道为什么要生活"。他们虽然有着不错的背景和一定的经济实力，但内心依旧是空洞的，缺少着什么东西。换句话说，也就是没有"心灵出口"。

所谓"心灵出口"是指将堆积在心中的感情渣滓，排出体外的心灵之门。就像吃东西时身体里会吸收也会排出的新陈代谢一样，内心在处理情感时，也经历着相似的过程。

当情感进入内心，积极的感情会被接受，让人感到充实和幸福，消极的感情会释放出来。但是，内心比身体更敏感。如果被动地经历情感创伤或持续地受到负面情感的压抑，就会立刻停止代谢，将消极情感堆积在心底。而这样留下的感情渣滓最终会让心灵受到伤害。

日常生活中，如果我们对快乐感到迟钝，对忧郁感到敏感，这很可能是内在的代谢上出了问题，而这时我们就应该寻找心灵出口，将积压的不当情绪发泄出来。

每个人都有自己的心灵出口。心情郁闷时，有的人运动，有的人看电影或看书。虽方式不同，但都能达到愉悦心情的效果。这些放松的方式之所以不同，其原因在于每个人选择的心灵出口不同。

如果某人只有动手才能消除某种情感。那么就应该通过写字、做针线、画画来消除忧郁的心情。如果有的人要发出声音才可以。那就应该和好朋友见面聊天或在练歌房唱歌，放松心情，治愈心灵创伤。当然，也有很多人通过让自己动起来，比如运动、旅行、打扫等方式使自己心情舒畅。越是了解自己心灵出口是什么的人，就越能排出情感残渣，保持心灵健康。但出乎意料的是，很多人并不知

第四章　排解坏情绪的心灵出口

道自己心灵的出口在哪里。

对有些人而言，出口是通过唱歌缓解压力，是和朋友聊天打发时间……只要能起到转换心情的作用，让内心不再沉重，那就是属于你的心灵出口。当然，要想知道做什么事最舒心，最能治愈自己，就需要经历各种各样的事情。在多样的经历中寻找出口。只有这样找寻到的心灵出口，才会让独处变得快乐。

☾

我的心灵出口是茶。找到它是在我29岁那年的春天。人生中总会有一段时间没什么名气。虽然生活得比任何人都轰轰烈烈，但是没有取得任何结果，只能凭借满腔意志，以及努力和希望来支撑生活。而这个时期的特点就是，没有确切的名称来形容自己。充其量可以称呼自己为：就业准备者、预备创业者、求学的学生……

对我来说，29岁就是这样的时期。从学校毕业后，我没有就业，也没有选择留在某个特别的地方，而是离开了安逸的家，那是我第一次断绝了和朋友的联系，自发地将自己处于孤立状态之中。选择孤立是为了寻找我的人生方向。就像"船夫多了，船就开上山了"[①]的俗语一样，为了让自己做出人生无憾的选择，我想在经济上、行动上先独立。当然，那种孤立无援的状态，我起初很不适应，不知道自己该做什么，随之而来的茫然感也越来越大。

直到我遇见竹露茶，这段孤独与寂寞才变成了我快乐的隐遁时光。虽然我从前就一边喝茶一边学习茶的相关知识，但那时并没有什么特别的热情。给就喝，没有就不喝。但如同命运深深陷入茶中一般，与茶结缘的决定性契机是喝了车老师为我泡的竹露茶。

竹露茶是用在竹林中喝竹露长大的茶树制造出来的茶。不知为何茶树会在笔直的竹子中间扎根生长。个子相对矮小的茶树几乎接触不到阳光。再加上成群的竹子根把土壤里的水分全部带走了，可供茶树吸收的水分也不充足。所以，这类茶树不得不在少日照、少水分的艰苦条件下生长。

---

① 这句话的意思为：指挥者一多，意思就不能很好地传达，会出现纠纷及分歧。

第四章　排解坏情绪的心灵出口

在如此荒芜环境下长大的茶树,能有什么味道和香气?我在没有任何期待的情况下喝了第一杯茶,但结果让我大吃一惊。味道和香气竟如此浓郁、清澈。初尝一口时,像淡淡的斑鳐味,味道微微散去后,又逐渐变成了柔和的甜味。同时不失绿茶的香气,有种清新的味道。

更让人吃惊的是,即使在热水里泡了十次以上,茶叶的鲜度和味道也没有太大的变化。后来我才知道,这种具有独特香味和生命力的茶,是绿茶最好的品种之一。茶树经受的艰苦而贫瘠的环境反而造就了它独特的味道和香气。

喝茶的时候,我突然觉得自己与茶惊人的相似,它的成长不就是我疲惫的过去和现在的真实写照吗?那么,未来我们还会继续相似下去吗?假如我能挺过这贫瘠而艰难的环境,不就可以像茶一样,拥有只属于我的香气和颜色吗?

从那以后，我正式走进了茶的世界。同时，我也明白了品茶是一项多么复杂的爱好。而且，最重要的是，茶的敏感程度无法用语言来形容。同样的水，同样的材料，同样的方式沏茶，但根据什么样的人以什么样的心情泡茶，味道会有所不同。悲伤的时候喝茶，茶会有苦味，高兴的时候喝茶，则会有清爽的味道。

因为茶如此敏感，所以处理和保管都要格外小心。如果在保管茶叶的地方吸烟，或者散发出浓烈的香气，茶就会把异味完全吸收到自己身上，并将其气味原封不动地送还给喝茶的人。喷了香水的人喝茶有香水味，抽了烟的喝茶有烟味。

不仅仅是茶。茶壶茶碗之类的茶具也一样敏感。如果不自知地，粗暴对待了茶具，过不了多久，茶具就会出现裂缝。相反，如果很珍惜地摆弄茶具，随着时间的流逝，它就会散发出光泽，呈现美丽的面貌。即使它什么都不说，也能展现出我对待它的方式。

第四章　排解坏情绪的心灵出口

和不自知地随便对待茶具一样，我们会不会也在不知不觉间，随便对待了身边的人呢？如果茶味中掺杂了其他的气味，会不会是我散发出来的阴暗、潮湿的气息呢，它是不是也会让别人沾染上呢？看来，我需要回想一下了。

但是，有一点很奇怪。明明茶这种东西如此挑剔和难缠，但我在喝茶的时候，心情会非常平和，有一种幸福的感觉。给茶具消毒时，把茶具放在水里煮，眼睛看着它的形状，耳朵听着它发出的声音，心情就会非常愉快。保管茶具时，擦掉茶桶上的灰尘，清理周围，就会让我忘记时间。烧水，等待泡茶，擦干净杯子，而后品茶的那一瞬间，会让我无比安静和充实。

我时常会想，为何敏感的茶会成为安慰我的心灵出口呢？也许是因为自己和茶的气质很像才会如此吧。我和茶一样敏感，而且容易受伤，只会对熟悉的人展现最真实的一面。怪不得我会对茶有一种似曾相识的感觉。因而，即便这项爱好有些烦琐，我依旧对品茶的时间倍感珍惜。

独处的时间越快乐，就越想和别人分享这份快乐。就这样，独自一人的孤立成了我快乐的隐遁，而茶则成了陪伴我度过这一年隐遁生活的好友。因为有了它，那段时光才能如此充实。

直到现在，我还会在自己无法摆脱忧郁时去客厅一角的茶室，拿出茶具沏茶喝。在那里我会端出好茶，煮好水，诚心诚意地用茶招待自己。忧郁也会在茶水里渐渐淡化。

最近，我在教刚进入青春期的孩子喝茶。通过茶传授隐遁的乐趣。喝茶的那段时间让我明白了，独自饮茶竟是如此滋润，用茶真诚地招待自己又是多么尊重自我且宝贵。

当然，不一定每个人都像我一样，用喝茶舒缓情感。对某些人来说，心灵的出口可能是咖啡，可能是料理，也可能是红酒。不管是什么，看到精心准备的饮料和食物，都会觉得自己被照顾着。就像我们会给爱的人精心准备食物一样，为自己泡一杯茶也是我对自己最真诚的爱。

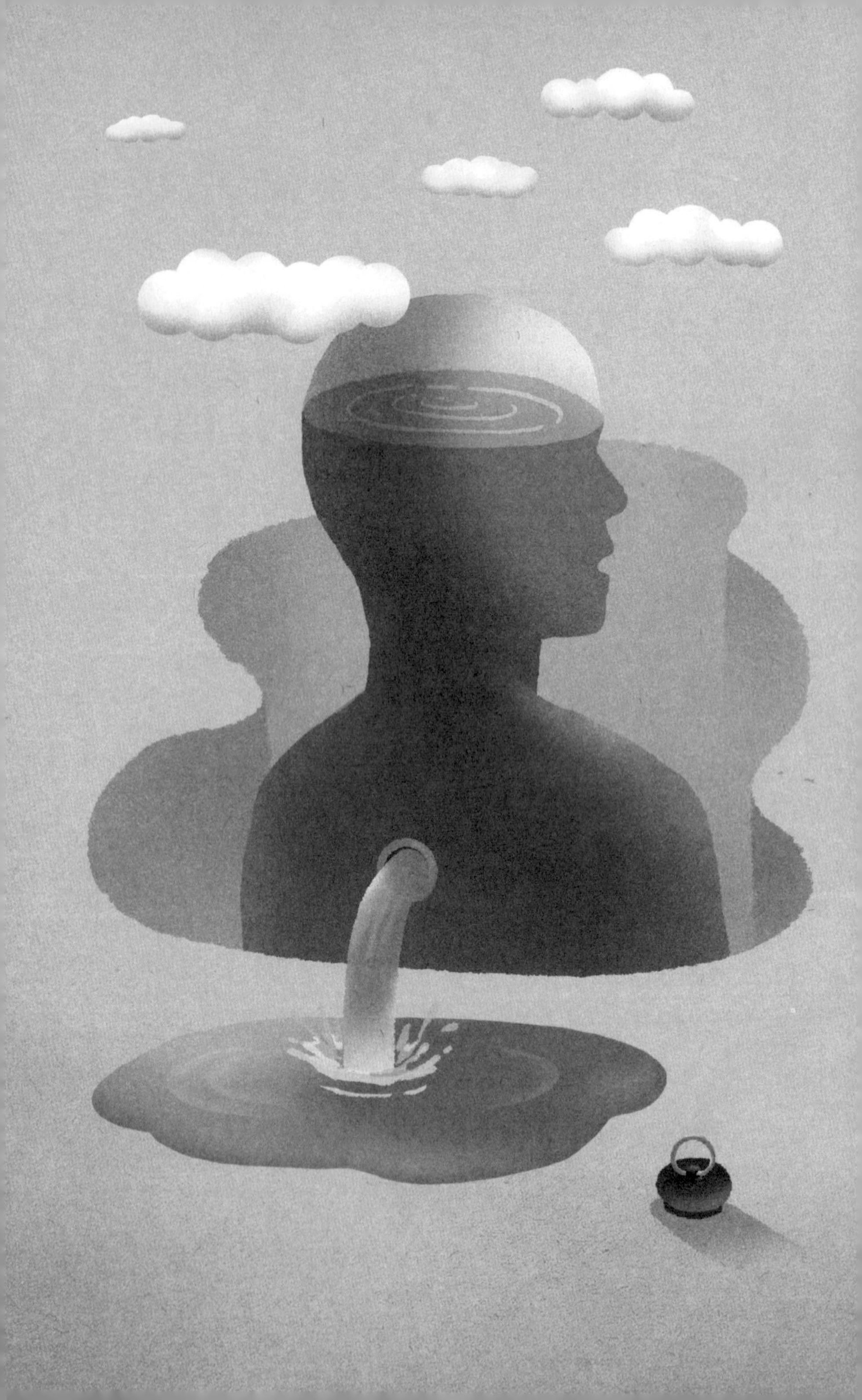

穿越孤独的沙漠

第四章 排解坏情绪的心灵出口

☾

人出生后最先经历的心理疾病就是"分离焦虑症"。分离焦虑症是指：处在保护者怀中的孩子在脱离保护者独立的过程中要经历的不安情绪的状态。它主要发生在出生8个月至3岁的幼儿身上，如果不能成功度过这个时期，成年后也会出现不安等症状。

每当感到不安的时候，即使监护人在卫生间、厨房，或是在打扫房间，孩子也会形影不离。如果被监护人置之不理，孩子就会陷入害怕的情绪之中，甚至会感到生存受到威胁。

芝加哥大学心理学教授约翰·卡乔波将这种不安的原因追溯到人类狩猎时期。孤独感可能是人类对自己发出的不安警报，遗传下来的生存智慧告诉我们：离群的状态意味着更多可能存在的危险。

小时候的我，也有过对分离感到不安的记忆。那一天，我和妈妈一起去小区的市场。天气像往常一样好，市场上挤满了买卖商品和讨价还价的人。视线所及之处摆满了新奇的商品，妈妈也忙着挤进人群中去挑选。我被市场上的风景所吸引，放开了妈妈的手，向前迈了几步，当再次想牵起手时，却发现妈妈不在了。

我不知道这是什么情况，一直四处张望。过了片刻，我才意识到：妈妈丢了！当我意识到自己失去妈妈的时候，身心都僵住了。我吓得什么话也说不出来，急得直跺脚。是换地方找妈妈，还是要等妈妈来找我，又或者该向别人请求帮助，这对于5岁的孩子来说很难判断。

不知所措的我，流着眼泪在市场里转悠，找妈妈。到现在我还清晰地记得，当时经过的商店模样和人们看我的眼光。不知过了多久，在因恐惧而流出的眼泪快要干涸的时候，透过周围的喧哗声，我隐约听到了妈妈的声音。妈妈正呼唤着我的名字。我朝着声音的方向跑去，幸运的是，

第四章　排解坏情绪的心灵出口

我平安地回到了妈妈的怀抱。

但那天之后，我患上了极度的分离焦虑症。去卫生间也不能一个人，如果幼儿园里只剩下我，也会号啕大哭。在家时，我终日做着妈妈的影子，寸步不离。幸运的是，妈妈没有嫌我烦，哭了就给我擦眼泪，发脾气了就紧紧地拥抱我。如果我不高兴，还会给我整理头发，安慰我，并告诉我，再也不会发生像找不到妈妈那样的事了。

在母亲的关爱下，我严重的分离焦虑症状逐渐好转，在幼儿园毕业前恢复了正常。随着焦虑症逐渐淡化，我也有了改变。出门时，我再也不会分心，为了以防万一，我会把家庭地址、电话号码，以及陌生人搭讪时我应该做的事全部记在脑海里。我不想再犯同样的错误，经历同样的恐惧了。就这样，在战胜不安的过程中，我也获得了应对走失这类突发状况的能力。

☾

孩子们感受到的分离焦虑，在成人后被称为"孤独恐惧症"。所谓"孤独恐惧症"是指病态地害怕独处的症状。长大后的我们，不再害怕脱离妈妈的不安，而是害怕脱离社会独自生活的恐惧。随着单亲家庭的增加，患孤独恐惧症的人数也在不断上升。

独自一人是件可怕的事。在"孤独"这个词中，人们似乎首先想到的就是形单影只的感觉。但事实上，孤独并不是什么特别的感情。无论做什么，遇到谁，人都会感觉孤独。吃饭、看电影、逛街，不管有没有人陪在身边，孤独都会降临。孤独也是一种感情，只要让我感到开心，与我志同道合的人一出现，它就会立刻消除。也正是有了孤独，我们才会更加珍惜对方，努力维持良好的社会关系。

但是在寂寞消散之后，我就想回到一个人的世界。疏远了就想与人在一起，在一起就会感到不舒服，孤独就是抓住了这种关系的基准点。但是恐惧却不同。恐惧存在于超越这种社会关系，孤独所能均衡的地方。

确切地说，和妈妈分离、独自一人的时候，我感到的不是孤独而是害怕。这是因为独自一人让我没有任何存在感。谁也不认识我，也没有人会像妈妈那样，用温暖的眼神看着我。这种情况和我消失是一样的。独处时感受到的恐惧，就如同自己渐渐消亡所带来的恐惧一样。我认为，这种恐惧比孤独更深，是孤独的本质。

孤独的恐惧，来源于"孤独恐惧症（eremophobia）"的词根。"eremo"一词是从沙漠"eremia"中派生出来的。沙漠是个什么样的地方？这是一个人掉在那里后，要么被烈日晒死，要么在无边无际的沙海中结束生命的恐怖之地。对于穿越沙漠的人来说，沙漠的荒凉和宽广只能带来恐惧。在沙漠中生活就是与这种生存的恐惧共生。

之所以说现代社会的人们所患的孤独恐惧症是对沙漠恐惧的衍生物，是因为我们现在生活的社会像沙漠一样荒凉而粗糙。表面看来，现代社会生活的富足安乐是沙漠无法相比的，但我们一旦失去赖以生存的社会经济藩篱时，那种富足就会像海市蜃楼一样，无法抓住也无法拥有。而且，会像在沙漠中迷路一样，让人产生对生存的恐惧。

我小时候经历的分离焦虑症,因为妈妈无微不至的爱才得以克服。对不安的克服,让我的内心得到了成长,即便再一次迷路也不会恐惧彷徨。那么,在生活的另一个阶段,怎样才能克服令人不安的孤独恐惧症呢?要想找到答案,首先有必要回顾一下孤独的意义。

我们可以把"独自一人的孤单",用"孤独"来诠释,那么,是否也存在"克服孤独"的相对词呢?最常见的是在"孤独"前加"不",即"不孤独"。"不孤独"的状态,即众人聚在一起高高兴兴的状态,就像字面上所说的那样,步入与人交往、愉快相处的社会关系中。实际上,很多人为了不孤独,会选择与熟人见面,参加聚会,加入团体等。

其次,我们常说的"不孤独"也是一种不孤单的独处状态。通常我们认为孤单和独处相似,但并非如此。当与不合心意的人在一起,或者被卷入涌来的人群中时,我会感到孤单。相反,做自己喜欢的事情,不受别人干涉,一个人独处时,会感到充实和快乐。从这个意义上说,"不

第四章 排解坏情绪的心灵出口

孤独"可以解释为"快乐地独处"。

莎拉·班·布瑞斯纳[①]的《独自生活的乐趣》和教育学者斋藤孝[②]撰写的《孤独的力量》这类孤独启发书,大都遵照这一主旨。书中告诉我们,为了一个人也能快乐地生活,我们应该做些什么。《独自生活的乐趣》中有这样一段话:"有一种方法可以让独处的生活更丰富多彩。把5张5美元钞票放在外套里,然后忘了它。下次你穿外套的时候,会偶然发现它们,并且认为那是自己种下的幸运。然后用这份幸运买些美丽的花,放在桌子上,买些法式糕点配上咖啡,或者买些杏仁味洗发水。仅仅是做些与众不同的事情,就会让你感觉很好。"书中提到的这种行为,其实就是一种通过关爱奖励自身,来享受独处之乐的方式。

当然,在许多孤独启发类书籍中提到的各类方法并不会给我们带来什么伤害,也不会让生活变得更加孤独。重返社会,与他人共度美好时光,以及研究的各种各样使自

[①] 莎拉·班·布瑞斯纳,美国作者。

[②] 斋藤孝,日本作者。

己快乐的方法，它们都对治愈孤独有着不错的效果。但上述方法有一个致命的缺点：当这个行为结束后，我们又会重新感到孤独。在与人见面回到家后，孤独又开始了，用偶然间发现的 5 美元买了杏仁味的洗发水，这种事情反复了几次之后，就再也没有效果了，于是我们就要寻找另一个人，另一份幸运。所以在书中，她足足写了 79 种享受独处的方法！虽然方法很多，但目的只有一个，不断地让自己感受快乐。

有一项 2017 年的问卷调查，内容是为了不孤独大家选择的方法是否有效。有近 70% 的人回答说，自己依旧很孤独。这些数字也意味着，每当孤独的时候，与人们见面，互相安慰，来寻找快乐的解决方法只是临时处方，并不能从根本上解决问题。就像吃了感冒药，下次还会感冒一样，而这些所谓的方法只是让你暂时忘记孤独，一段时间后，你依旧会再次陷入孤独。

第四章　排解坏情绪的心灵出口

🌙

现在，让我们谈谈更本质的问题吧。稍有智慧的人，不会为了不感冒，每天吃一粒感冒药。相反，他们会找到提高免疫力的方法，避免感冒。同样，这也适用于孤独。我们要寻找的，不是为了回避孤独的临时处方，而是一个更本质的方案来提高对孤独的免疫力。

回想一下，小时候父母用爱将我们从分离不安中拯救出来的经历。这里有一处很容易被误解的地方，就是使孩子摆脱分离不安的，并不是父母这个主体本身，而是他们给予的爱。所以，如果其他人给予了这样的爱，即便不是父母，同样可以治愈分离焦虑症。

像这样，被治愈的分离不安，会成为我们成年后，建立正常人际关系的重要精神基础。被爱的记忆会创造出给予他人爱的力量。从父母或其他人那里得到的那份无私的爱，会成为治愈心灵不安的优秀疫苗。

如果想从根本上治愈孤独，大家就要把注意力集中在下面了。孤独恐惧症的词源，包含了对沙漠生存恐惧的意思在内。但不是对所有人都意味着,沙漠是无法穿越的死亡之地。事实上,人类历史就是在横跨沙漠,不断克服恐惧的过程中发展起来的。

最具代表性的例子,就是生活在沙漠中的游牧民。阿拉伯半岛沙漠广布,在那里定居的牧民们,会在寒冬来临前,把住处迁往沙漠深处,来度过冬天。为了在沙漠中生存,他们首先会找到拯救自己的三件宝物:星星、骆驼和绿洲。

在没有路标的茫茫沙漠中,如果没有指南针,那就必须依靠星星来辨别方向。太阳下山后,他们会找到较明显的星座来区分东西,凭借北极星来估计南北。下一步,他们必须去寻找和驯养一头野生骆驼,为他们驮沉重的行李。骆驼并非想象中那么温顺,它生气时,会用牙齿咬人,吐口水。为了驯服这种凶猛的动物,牧民们会给骆驼起人的名字,像朋友一样对待它,并花很长时间来相处。

最后是绿洲。绿洲是穿越沙漠的"必需品"。它供应淡水,供人休憩。在沙漠里长途跋涉,如果没有及时补充水,或者找不到暂时休息的树荫,想穿越沙漠绝不可能。因此,他们会找到隐藏在沙漠各处的绿洲,并绘制地图,利用地

第四章 排解坏情绪的心灵出口

图开辟道路，自由穿行。就这样，他们在沙漠中开辟出了贸易通道，自己成了商贾，并且作为传播文明的信使，创造出了属于自己的游牧文化。

每次学到关于沙漠游牧民的历史，我眼前常常会浮现出没有被载入史册的第一批游牧民的样子：他们走进了比冬日还荒凉的沙漠，经历了无数次试错和突发状况。那时，他们还没有驯养骆驼，不会利用星星找路，没能找到绿洲……他们究竟是如何战胜恐惧，实现穿越沙漠的呢？

有一种推测认为：这些无名的游牧民，他们之所以能够历经磨难在沙漠中生存下来，其根本原因在于，游牧民族的献身精神。他们凭借这种精神，冒死驯服了比自己强大的骆驼，脱离队伍独自寻找方向。如果没有人做出这样的献身和牺牲，沙漠之路是不会被开辟出来的。也正是因为这种献身精神，才最终结出现如今这丰硕的果实。

孤独的本质不是孤单。

孤独如同自己渐渐消亡所带来的恐惧一样。

靠近他人的悲欢

第四章　排解坏情绪的心灵出口

我们要想穿越孤独的沙漠，首要的是有一颗奉献的心。我认为，"克服孤独"的相对词应该是"奉献"，而非独处的状态，或独自一人但不孤单的状态。当然，奉献不是否定孤独。也不是说，逃避孤独或在孤独中享受快乐。奉献是获得"好的孤独"的一种方法。好的孤独有时候比勉强制造出来的愉悦更能让我们变得有价值。当我们能感受到好的孤独时，我们才能穿越孤独的沙漠。

顾名思义，奉献不是为自己，而是为他人着想、牺牲自己，并产生共鸣。只有超越自我的悲欢，与他人的悲欢产生共鸣，才能做到付出和牺牲。为此，我们必须敞开心扉。即使是独处，心门也要为志同道合的人敞开。只有这样才能培养出一颗奉献的心。

当然，也并不是说拥有了奉献之心就不会孤独。奉献中也存在孤独。但是，奉献的孤独，它淡化了孤单，将恐惧视为自然规律，是更高维度上的孤独。此时的孤独不再是只会折磨人的东西，而是一种快乐，让人理解人生更深一面的快乐。这种奉献的孤独就是好的孤独。

奉献一旦表露在外，就会成为权力，成为执念。如果，父母给予的爱，不再像空气一般，无声无息，而是以"妈妈为你都做到这份上了""为了你，爸爸付出了多少啊！"的方式展现出来，那就不再是奉献，而是我们要偿还的负担，应该服从的权力。

沙漠也是如此。如果那个凭借星星摸清道路的人，将绘制的地图变成了权力，找到绿洲的人，不想把绿洲作为据点，与大家共享。那么，游牧民之间可能会反目、分裂，最后一起消失。所以说，奉献必须是无形的。

从这个意义上说，真正的奉献只有在隐遁者的内心中才能产生。前面提到的"孤独恐惧症（eremophobia）"，其中的"eremites",它也是隐遁者(hermit)的词源。这个词有时指代沙漠,有时意味着隐士。在沙漠中生活了40年的摩西,禁食40天的耶稣,以及在沙漠中放羊的牧童穆罕默德,他们都曾是凭借奉献,战胜沙漠恐惧的隐遁者。他们从未否定或回避孤独,而是把"好的孤独"当作"伴侣情感",从而获得了宗教上的觉悟。

虽然不能达到圣人那般境界,但我们也可以把孤独当作"伴侣情感",成为奉献的隐遁者,跨过孤独的沙漠。

如果把奉献的隐遁说得过于宏伟,人们可能会望而却步,其实奉献的隐遁并没有想象中难以达到。就像在为人父母后会本能地为孩子奉献,拥有隐者般的态度一样,在我们的日常生活中奉献也不难做到。

对我来说,奉献的隐遁是在为未婚父母进行心理治疗中实现的。老师第一次建议我为未婚父母提供咨询帮助时,我还说:"我既不是精神科专家,也不是心理咨询师,怎么能为未婚妈妈们提供帮助呢？"并且拒绝了这个提议。但老师说服了我，她说："你不要把它当作诊断或者治疗，只需要和她们轻松地聊聊天，缓解下她们痛苦的心情就可以了。"

回想着这些话，我在心理咨询那天，没有提前做任何准备，而是抱着无比轻松的心态走进了聊天室。那天，一切对于我而言都很陌生。听到眼前这位未婚妈妈，独自抚养5岁的孩子，还照料着50多岁的母亲，我的心也隐隐作痛。但这是生活的常态，没有任何对策或解决方案。她说，没有什么特别的问题，只是感觉自己很孤单，需要一个说话的人，想一起温馨地聊聊天而已。至于那天说了些什么，我已经记不清了，只知道1个小时的谈话很快就过去了。

在后来心理咨询时，我特意准备了茶、茶具、舒缓心情的檀香，以及轻音乐。她希望聊天的时间能更长些，于是后来的时间不再局限于1个小时。有时，咨询会从早上10点开始，直到晚上5点才结束，有时还会持续到晚上11点。

如果聊得时间过长，我们会中途休息，一起吃个饭，散个步。在那段时间里，我所能做的就是尽量把她当作原来那个她,而非一个特别的人。至少和我在一起的时间里,我想让她放下心中的创伤,回到她最自信的时候。为了不让她觉得有什么负担,我会像平常聊天那样,不会特意说起些什么,当然我也会和她分享我的痛苦和悲伤。因为我觉得,只有成为朋友才可能进行真正的沟通。这样的尝试也让我学会了心灵沟通的技巧。就这样,我们彼此都放下了内心沉重的包袱,在聊天中相互慰藉给予希望,一起寻找未来的方向。

通过心理咨询,接纳他们的孤独和痛苦,尽我所能,引导他们寻找到"好的孤独",这就是我所能践行的奉献的隐遁。

哲学家尼采[1]曾说:"如果你想愉快地度过一天,早晨一睁眼,就想一想如何给别人带来快乐。"越是给别人带

---

[1] 弗里德里希·威廉·尼采(1844—1900),德国哲学家。

来快乐，就越能感受到人生中最充实的快乐。尼采用这番话，向我们展示了自己与孤独一起度过的人生。因此，这句话听起来更像是尼采的格言。

时常怀着一颗希望把欢乐带给他人但却不求回报的心，会让人在孤独中感到充实，最终成为一位热衷于奉献的隐遁者。而这时，孤独就是"好的孤独"，是最忠实的"伴侣情感"，也是最好的隐遁之乐。

后记

写给那些正在装扮庭院的隐遁者们

后记

塔莎是一名美国绘本作家,因《塔莎的庭院》被我们熟知。她在 50 多岁时隐居山林,于茂密的针叶林中建造了一座古色古香的房子,在庭院里种植了各种树木和鲜花,度过了隐居的余生。

塔莎的庭院不似高尔夫球场一般,被刻意地打理,而是一座最自然的庭院,在那里,花木自由地生长。塔莎的庭院之所以出名,也正是因为这种自然。在那里生长的花木恰似塔沙自己向往自由的写照,独自抚养 4 个孩子的她,为了生计做过各种工作:制作手工肥皂,卖蜡烛,写童话书,做插图。但她并未将这些当作劳动,相反,这是一种快乐。

工作结束后,她会坐在露天阳台的摇椅上,沐浴着阳光,沏上一杯红茶,喝着茶欣赏庭院。有时也会邀请孙子、孙女过来开个小派对,聚个餐。看着亲手种下的花和树,

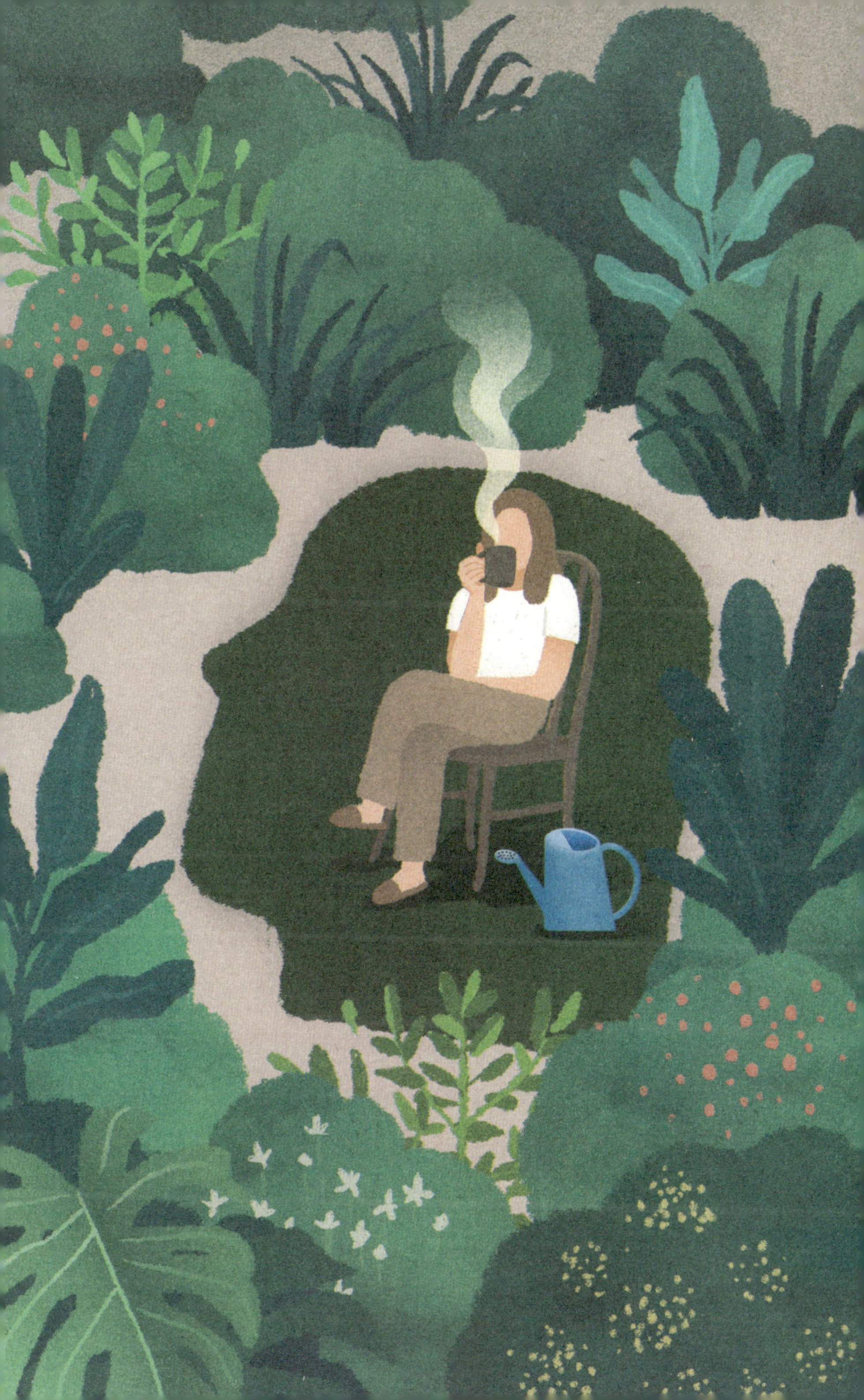

后记

感受季节的变迁，望着夜空中的星星，感恩过往的岁月。而这份安静与充实，就是她想要的隐遁人生。

在纪录片《塔莎的庭院》中，90岁高龄的她这样说道：

"如果不喜欢现在生活的地方，就去别的地方吧！尽可能去寻找幸福吧！我一直都随心所欲地活着，享受着每一分每一秒。人们给我建议或忠告时，我会说，'好的我知道了，知道了'，然后依旧按照自己的方式活着。毕竟人生苦短，就这么做吧。因为现在的我最幸福。"

塔莎为了过上自己想要的生活，找到了只属于自己的空间。别人的评价、社会成就统统与她无关，只按照她自己的方式生活。她隐遁生活的本身就是消除忧虑的心灵出口。

我想总有一天，我也能拥有像塔莎的庭院一样美丽的隐遁空间。在首尔这种大城市里生活了30多年，我也迫切希望离开城市，去自然中生活。目前的打算是去济州岛，在那里享受一年左右的隐遁生活。透过玻璃窗，目光所及之处皆是大海，周围满是椰子树和玄武岩石墙。闲暇时，摘几颗柑橘和无花果树上的果子吃，偶尔晒几片叶子泡茶也不错。凌晨去海边冥想，上午在客厅写作，下午望着汉拿山，吹着海风享受自然美景。

如果抽不出很长的时间的话，无论在哪里，我都希望能暂时脱离日常生活，在我最喜欢的自然中，观赏鲜花和风景，享受一段隐遁时光。当觉得自己不再是为自己而活时，内心就会被悲伤和空虚填满，在为时不晚前，希望大家也能去体验长久的快乐隐遁。

参考文献

- ［美］J. D. 麦克拉奇，［韩］金贤京. 杰作的空间：作家对家的人性化记录. 韩国：心灵散步出版社，2011.
- ［意］翁贝托·艾柯. 所谓的作家1：小说家之间的交流. 韩国：其他，2014.
- ［美］梅瑞·柯里，［韩］姜柱宪. Retual. 韩国：读书的星期三出版社，2014.
- ［日］村上春树，［韩］林弘彬. 当我谈跑步时我谈些什么. 韩国：文学思想出版社，2009.
- ［日］宫崎骏，［韩］黄义雄. 宫崎骏的出发点1979~1996. 韩国：大元CI出版社，2013.

■［美］莎拉·班·布瑞斯纳，［韩］申承美. 独自生活的乐趣：寻找无法与任何人在一起的，属于自己的幸福. 韩国：龙卷风出版社，2011.

■［日］斋藤孝，［韩］张恩珠. 独自一人的时间力量：将期待变成现实. 韩国：Wisdom House出版社，2015.

■［韩］黄义雄. 宫崎骏就是这样创作的. 韩国：诗公社，2001.

© 民主与建设出版社，2023

图书在版编目（CIP）数据

不要为明天烦忧 /（韩）申纪律著；程乐译. —— 北京：民主与建设出版社，2023.10
ISBN 978-7-5139-4139-6

Ⅰ.①不… Ⅱ.①申…②程… Ⅲ.①心理学 - 通俗读物 Ⅳ.① B84-49

中国国家版本馆 CIP 数据核字（2023）第 050462 号

著作权登记号：图字 01-2023-1772

은둔의 즐거움
Copyright ©2021 by Shin Giyul
All rights reserved.
This Simplified Chinese edition was published in 2023 by Rentian Ulus(Beijing) Cultural Media Co.,LTD
by arrangement with Woongjin Think Big Co., Ltd., Korea
through Rightol Media Limited
本书中文简体版权经由锐拓传媒取得（copyright@rightol.com）。

不要为明天烦忧
BUYAO WEI MINGTIAN FANYOU

著　　者	[韩]申纪律
译　　者	程　乐
责任编辑	王　倩
策划编辑	薛　静
封面设计	刘汉标
出版发行	民主与建设出版社有限责任公司
电　　话	（010）59417747　59419778
社　　址	北京市海淀区西三环中路 10 号望海楼 E 座 7 层
邮　　编	100142
印　　刷	文畅阁印刷有限公司
版　　次	2023 年 10 月第 1 版
印　　次	2023 年 10 月第 1 次印刷
开　　本	880 毫米 ×1230 毫米　1/32
印　　张	7.75
字　　数	175 千字
书　　号	ISBN 978-7-5139-4139-6
定　　价	48.00 元

注：如有印、装质量问题，请与出版社联系。